全彩科学大图　重现恐龙原貌

# 中国恐龙
## 博物馆

邢立达－编著

韩志信（小天下）－绘　　徐星－科学顾问

廖俊棋　秦子川－审定

中信出版集团│北京

**图书在版编目（CIP）数据**

中国恐龙博物馆 / 邢立达编著；韩志信绘. --北
京：中信出版社，2021.3
ISBN 978-7-5217-2511-7

I. ①中… II. ①邢… 韩… ②韩… III. ①恐龙—儿童读
物 IV. ① Q915.864-49

中国版本图书馆 CIP 数据核字 (2020) 第 247814 号

**中国恐龙博物馆**

编　　著：邢立达
绘　　者：韩志信
出版发行：中信出版集团股份有限公司
　　　　　（北京市朝阳区惠新东街甲4号富盛大厦2座　邮编　100029）
承 印 者：北京启航东方印刷有限公司

开　　本：889mm×1194mm　1/16　　印　　张：19　　字　　数：285千字
版　　次：2021年3月第1版　　　　印　　次：2021年3月第1次印刷
书　　号：ISBN 978-7-5217-2511-7
定　　价：168.00元

出　　品：中信儿童书店
图书策划：知学园
特约策划：北京小天下
策划编辑：鲍芳　隋志萍　　责任编辑：鲍芳　　营销编辑：张超　李雅希　王姜玉珏
装帧设计：韩莹莹　　　内文排版：北京书情文化发展有限公司

*Author*
作者简介

# 邢立达

青年古生物学者，科普作家，中国地质大学（北京）地球科学与资源学院副教授，博士生导师。美国国家地理学会资助探险家。高中时期便创建中国大陆第一个恐龙网站。先后在加拿大阿尔伯塔大学和中国地质大学（北京）取得古生物学硕士、博士学位。主持国家自然科学基金面上项目、美国国家地理科学与探索项目等多项项目。

2016年发现全球首例琥珀中的恐龙，为当年全球最受媒体关注的科学发现之一。2017年获得中国地质学会第十六届青年地质科技奖——银锤奖。2018年获得中国古生物化石保护基金会"非凡贡献人物"奖。2020年，获美国沉积地质学协会颁发的詹姆斯·李·威尔逊奖，该奖颁给那些在沉积地质学领域做出卓越贡献的青年科学家，这也是该奖项首次颁发给中国人。

中国科普作家协会会员，出版与翻译了近百本古生物科普书籍，并多次接受CCTV等国内外媒体频道采访，为公众介绍古生物知识。

# 我想要一张中国恐龙的全景图

## 邢立达

恐龙是演化史上的礼赞，它们最早出现在 2.3 亿年前的晚三叠世，并绝灭于 6600 万年前的小行星撞击事件中，支配全球陆地约 1.6 亿年之久。而我们人属从最古老的祖先到现在，也不过区区 300 万年不到。

恐龙是"新产物"。从 1824 年命名的巨齿龙（*Megalosaurus*），1825 年命名的禽龙（*Iguanodon*），到英国古生物学家理查德·欧文在 1842 年创建"恐龙"（Dinosauria）一词，再到 2019 年我最新命名的迅猛龙（*Xunmenglong*），科学界认识第一只恐龙到现在，还不到 200 年。1842 年，距离我们其实并不远，在中国还是一个带有耻辱印记的年份，道光二十二年（1842），《中英南京条约》签订。也就是说，从晚清开始，恐龙学才出现，并在北美发现大量恐龙化石之后开始风靡世界。

欧文在创建 Dinosauria 这个词的时候，基于巨齿龙等的发现，定义庞大、尖牙利爪、令人惊恐不已的这一类动物，得到了"恐怖的、庞大的蜥蜴"这样的新词。日本学者在引入这些概念的时候，将 Dinosauria 翻译为"恐竜"，竜是"龙"的异体字，中国地质学家章鸿钊将这个词语引入中国，自然而然就变成了"恐龙"。将"saur"翻译为"龙"是一个棒极了的创意，东亚的龙不同于西方的龙，是民众心目中有着崇高地位的神兽。"恐龙"这个名字一开始，就远远比"恐蜥""巨蜥"要更容易深入人心。

当然，200 年下来，恐龙的种类已经比欧文眼中的要丰富得多，包括了蜥臀目的兽脚类、蜥脚类，鸟臀目的鸟脚类、剑龙类、甲龙类、角龙类、肿头龙类。恐龙的定义也发生了巨大的变化，最新的定义是：三角龙和现代鸟类的最近共同祖先，及其最近共同祖先的所有后代。这时候你们一定觉得眼前出现了奇怪的名词——鸟类？这正是恐龙学在最近几十年掀起的革命，从 20 世纪 70 年代的恐龙文艺复兴，

也就是热血恐龙假说开始，到 20 世纪 90 年代中后期，中国古生物学家在中国各地发现大量的带毛恐龙化石，比如小盗龙等等，恐龙与鸟之间的关系不再模糊，鸟类被认为是恐龙唯一存活至今的恐龙类群，用徐星老师的话说，"恐龙未亡，它们还在天上飞"。

在科学普及中，恐龙更是一马当先，是孩子们的最爱。那么有没有一本书可以把恐龙都包括起来呢？恐龙的种类其实并不多，从属一级来看，有 1500 多个，其中著名的物种就更少了。学者们和作家们做过很多尝试，撰写了很多恐龙百科，里面介绍了著名的、有代表性的恐龙，聊聊发现故事，最后提一提它们的亲戚们。

我也编撰和翻译过好几本恐龙百科，最早一本可能是大学期间写的《恐龙真相》，其中罗列了国内外常见的百余种恐龙，市场反响是挺好的，以至于这种初生牛犊不怕虎的劲头，后来还持续了好几年。现在想起来，不忍翻开，怕看到零零碎碎的错误或不足。因为直到自己到了加拿大，正儿八经学起了古脊椎动物学的时候，才知道不少恐龙背后有着复杂的故事，还有发现史、骨学、分类学，以及各种交叉学科的研究。

我现在还不敢写一本世界恐龙百科，但写一本我已经比较熟悉的中国恐龙的百科呢？中国恐龙，林林总总，大约 300 个属。我想象中的中国恐龙百科，应该是基于骨骼证据且包罗万象的扎实干货，而且要做到持续更新，纸面在再版时更新物种，平时在线上也齐头并进，给读者奉献一道终极知识盛宴，把一本百科做成一个 IP，才是我的诉求。这就是《中国恐龙博物馆》诞生的初衷，我们为每一种中国恐龙编制一个档案和画像，为读者们展现最全面的中国恐龙图景。

对恐龙感兴趣的朋友们，翻开这本书吧，或许不会令您失望的。

# 国际年代地层表（节选）

| 宇（宙） | 界（代） | 系（纪） | 统（世） | GSSP年龄值（Ma） |
|---|---|---|---|---|
| | | | | 现今 |
| | | 第四系 | 全新统 | 0.0117 |
| | | | 更新统 | 2.58 |
| | | 新近系 | 上新统 | 5.333 |
| | 新生界 | | 中新统 | 23.03 |
| | | 古近系 | 渐新统 | 33.9 |
| | | | 始新统 | 56.0 |
| | | | 古新统 | 66.0 |
| | | 白垩系 | 上白垩统 | 100.5 |
| | | | 下白垩统 | ~145.0 |
| | | 侏罗系 | 上侏罗统 | 163.5 ±1.0 |
| 显生宇 | 中生界 | | 中侏罗统 | 174.1 ±1.0 |
| | | | 下侏罗统 | 201.3 ±0.2 |
| | | 三叠系 | 上三叠统 | ~237 |
| | | | 中三叠统 | 247.2 |
| | | | 下三叠统 | 251.902 ±0.024 |
| | | 二叠系 | 乐平统 | 259.1 ±0.5 |
| | | | 瓜德鲁普统 | 272.95 ±0.11 |
| | | | 乌拉尔统 | 298.9 ±0.15 |
| | 古生界 | 石炭系 | 宾夕法尼亚亚系 | 323.2 ±0.4 |
| | | | 密西西比亚系 | 358.9 ±0.4 |
| | | 泥盆系 | 上泥盆统 | 382.7 ±1.6 |
| | | | 中泥盆统 | 393.3 ±1.2 |
| | | | 下泥盆统 | 419.2 ±3.2 |

| 宇（宙） | 界（代） | 系（纪） | 统（世） | GSSP年龄值 (Ma) |
|---|---|---|---|---|
| 显生宇 | 古生界 | 志留系 | 普里道利统 | 419.2 ± 3.2 |
| | | | 罗德洛统 | 423.0 ± 2.3 |
| | | | 温洛克统 | 427.4 ± 0.5 |
| | | | 兰多维列统 | 433.4 ± 0.8 |
| | | 奥陶系 | 上奥陶统 | 443.8 ± 1.5 |
| | | | 中奥陶统 | 458.4 ± 0.9 |
| | | | 下奥陶统 | 470.0 ± 1.4 |
| | | 寒武系 | 芙蓉统 | 485.4 ± 1.9 |
| | | | 苗岭统 | ~497 |
| | | | 第二统 | ~509 |
| | | | 纽芬兰统 | ~521 |
| | | | | 541.0 ± 1.0 |

资料来源：国际地层委员会（www.straigraphy.org），2020 年 1 月

注：所有全球年代地层单位均由其底界的全球界线层型剖面和点位（GSSP）界定，包括长期由全球标准地层年龄（GSSA）界定的太古宇和元古宇各单位。图件及已批准的GSSP 的详情参见国际地层委员会官网。

年龄值仍在不断修订；显生宇和埃迪卡拉系的单位不能由年龄界定，而只能由GSSP界定。显生宇中没有确定GSSP 或精确年龄值的单位，则标注了近似年龄值（~）。

已批准的亚统 / 亚世简写为上 / 晚、中、下 / 早；第四系、古近系上部、白垩系、三叠系、二叠系和前寒武系的年龄值由各分会提供；其他年龄值引自格拉德斯泰因（Gradstein）等主编《地质年代表 2012》。各单位的颜色依据世界地质图委员会的色谱(http://www.ccgm.org)。本图件的原始版本由K. M. 科恩（K.M. Cohen）、D. A. T. 哈珀（D.A.T. Harper）、P. L. 吉伯德（P. L. Gibbard）和樊隽轩绘制，此处有所简化。

# 恐龙头骨与躯干骨骼名称图解

引自《中国古脊椎动物志（第二卷）：两栖类 爬行类 鸟类 第五册（总第九册）鸟臀类恐龙》，有修改。

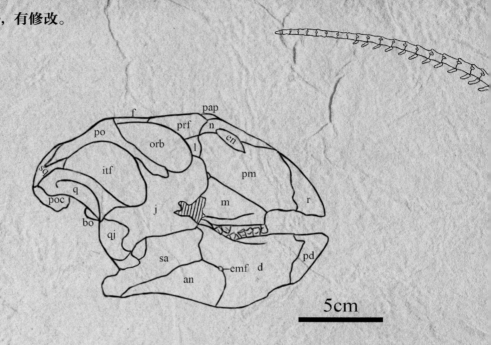

恐龙头部骨骼，以侯氏红山龙（*Hongshanosaurus houi*）为例：

an. 隅骨（angular），bo. 基枕骨（basioccipital），d. 齿骨（dentary），emf. 下颌外孔（external mandibular fenestra），en. 外鼻孔（external naris），f. 额骨（frontal），itf. 下颞孔（infratemporal fenestra），j. 轭骨（jugal），l. 泪骨（lacrimal），m. 上颌骨（maxilla），n. 鼻骨（nasal），orb. 眼眶（orbit），pap. 眼睑骨（palpebral），pd. 前齿骨（predentary），pm. 前上颌骨（premaxilla），po. 眶后骨（postorbital），poc. 副枕骨突（paroccipital process），prf. 前额骨（prefrontal），q. 方骨（quadrate），qj. 方轭骨（quadratojugal），r. 吻骨（rostral），sa. 上隅骨（surangular），sq. 鳞骨（squamosal）

**恐龙骨骼，以劳氏灵龙（*Agilisaurus louderbacki*）为例：**

c. 乌喙骨（coracoid），cau. 尾椎（caudal vertebrae），cer. 颈椎（cervical vertebrae），dor. 背椎（dorsal vertebrae），f. 腓骨（fibula），fe. 股骨（femur），h. 肱骨（humerus），il. 髂骨（ilium），is. 坐骨（ischium），前足（manus），后足（pes），pu. 耻骨（pubis），r. 桡骨（radius），s. 肩胛骨（scapula），sac. 荐椎（sacral vertebrae），头骨（skull），t. 胫骨（tibia），u. 尺骨（ulna）

■ 二连龙

■ 始中国羽龙

■ 中国角龙

■ 天宇盗龙

■ 巧龙

■ 永川龙

■ 奇翼龙

■ 时代龙

■ 将军龙

■ 戈壁龙

■ 近鸟龙

■ 简手龙

# 目 录
## CONTENTS

第一章　　　　兽脚类

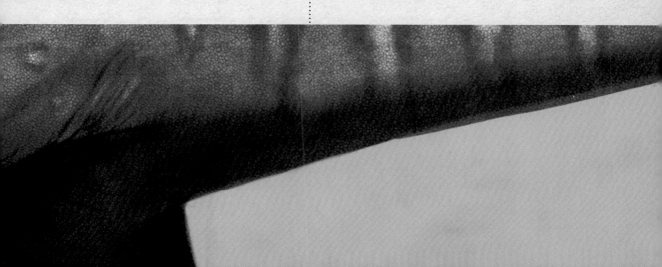

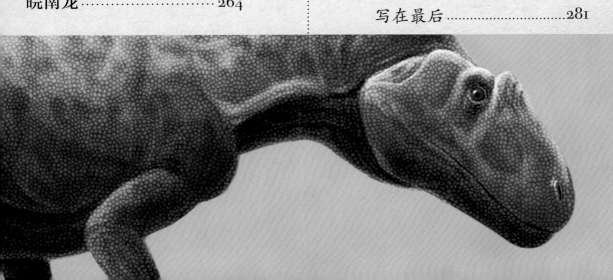

第一章

# 蜥脚类

## 中国龙

**拉丁名:** *Sinosaurus*　　**拉丁名含义:** 中国的蜥蜴

**食性:** 肉食性　　**体长:** 约 5.6 米

**发现地:** 云南禄丰　　**年代地层:** 下侏罗统禄丰组

**命名者:** 杨钟健　　**命名时间:** 1948 年

◆ **特征**

　　中国龙是凶猛的肉食性恐龙，在中国西南地区早侏罗世生态系统中扮演顶级掠食者的角色。外观与美国发现的双脊龙（*Dilophosaurus*）非常相似。它最初被古生物学家归入双脊龙类，但进一步的研究表明其应该归入基干坚尾龙类（基干，基部类群，意为该演化支最早分化出来的类群，一定程度上可以理解为该演化支最原始的类群）。

　　中国龙头骨高大，头顶有一对半月形的脊冠，满口牙齿像锋利的小刀子一样，且牙齿的前后边缘上还有锯齿，让它可以轻易撕下大块的肉吞进腹中。尤其值得注意的是，中国龙的前上颌骨及上颌骨之间有一个明显的凹陷，或称之为头饰。前上颌骨在哪里呢？在许多动物中，它位于上颌骨的前侧，我们人类的前上颌骨已经和上颌骨融合在一起，不过还是有痕迹的，大概位置是在你的门牙和左右相邻牙齿的上面。中国龙不仅脑袋很强，身体也蛮强壮，前肢较短，后肢粗壮有力，脚上长有利爪，可以帮助它控制或撕裂猎物。

中国龙脊冠的作用，曾有古生物学家推测，也许与其进食习性有关——中国龙可能最喜欢吃其他恐龙的内脏，因为它的尖嘴可以很容易伸进动物尸体的腹腔中，而头顶上那两块薄板状的脊冠可以在头伸进尸体的腹腔时起到支撑腔壁的作用。但实际上，中国龙的脊冠并没有双脊龙那么高耸，支撑猎物腔壁其实用脚一踩一拨拉就可以做到，没有必要专门演化出如此复杂的构造。还有学者推测，中国龙的脊冠在繁殖季节还能像羊角一样用于角斗。但 CT 扫描显示，中国龙的脊冠上有很多开孔，这表明它的脊冠相当脆弱，并不能承受撞击的力道。也就是说，中国龙的脊冠和当时许多带脊冠的兽脚类恐龙一样，可能仅有展示功能。

中国龙可能以小群的形式出没在河流湖泊间的高地上或丛林间，追捕着禄丰龙等植食性恐龙；但也可能喜欢孤独地生活，是远近闻名的隐秘杀手，经常隐蔽在不易被发觉的地方等待时机偷袭猎物。

## ◆ 发现故事

中国龙"被发现"了两次。第一次是 1948 年，地点是云南省禄丰县，命名者是中国古生物学的开山鼻祖——杨钟健先生。当时他的助手找到了一种肉食龙化石，化石很残破，只有一段带有 4 枚牙齿的左上颌骨和一些不完整的下颌骨。杨钟健研究后将其命名为中国龙。当时的古生物学家认为云南禄丰的地层属于三叠纪，也就是恐龙时代第一个纪元期，所以就把这件化石命名为三叠中国龙（*S. triassicus*）。后来我们才知道，中国龙所生活的时代是早侏罗世，而不是三叠纪。

而第二次则是 1987 年 8 月，云南省昆明市博物馆的考察队在昆明市晋宁区夕阳彝族乡发掘出一具植食性恐龙的化石。消息一传开，当地的老百姓都跑来围观。

Chinese
Dinosaurs
中国恐龙

中国龙

老百姓们原本没听说过什么恐龙，但是，当他们看到发掘队挖出来的一块块化石的时候，有老乡就说话了："咦，这就是恐龙啊，我们那里多得是啊。"发掘队非常重视老乡提供的线索，跟着老乡来到了夕阳乡下面的一个村子，在一个山沟里，他们见到了一串恐龙的脊椎骨化石。这可是意外收获啊！博物馆组织了正式的发掘，很快见到了一个令人大喜过望的场景：两条完整的恐龙骨架化石扭在了一起，其中一条是原蜥脚类植食性恐龙，另一条是肉食性恐龙。

这条肉食性恐龙体长 5 米多，大嘴正好靠在植食性恐龙的尾椎骨上。不过，从骨骼化石的形态上看，两只恐龙并没有搏斗的迹象。学者推测，可能是这只肉食性恐龙发现了困在泥潭里的美餐，在它专心进食的时候，自己也不小心陷了进去。它们静静地在这儿困了近两亿年，直到被古生物学家发现。当时的研究者根据标本的特征，在几年后将这只肉食性恐龙定名为一种新恐龙——中国双脊龙。

直到 2003 年，古生物学家董枝明研究员审视这件标本时，提出了它的牙齿、头骨和三叠中国龙非常相似，应该归入中国龙，并且是我们找到的第一条完整的中国龙。

## ◆ 趣事笔记

2007 年，禄丰世界恐龙谷的古生物技师在清修一件中国龙标本时，意外发现其牙槽上少了一颗牙齿。这原本是极其常见的现象，因为肉食性恐龙凶猛粗暴，掠食时崩掉几颗牙齿是很正常的。但是这件标本却很不寻常，它的牙槽，也就是容纳牙根的窝，已经完全封闭了。古生物学家当时就意识到这很可能是一种病变。

给恐龙看病是一件非常有趣的事情。古生物学家给化石做了 X 光和 CT 扫描后发现，这只中国龙的其他牙槽里都有矿物（黄铁矿）增生的情况，唯独封闭的牙槽没有，这个牙槽几乎是实心的。在哺乳动物中，病理或创伤性的牙齿脱落通常会引起牙槽骨的吸收和重塑。但这种情况在爬行动物身上却并不多见。

那么这只中国龙是如何得了这种奇怪的牙病的？古生物学家将这个病例与来自马达加斯加的环尾狐猴的病例进行了对比。牙齿缺失与齿槽重塑在环尾狐猴的臼齿上比较常见，原因是这种动物喜欢用某个特定的臼齿来咬坚硬的果实，这很容易造成牙齿破损并导致病变，这只生病的中国龙可能也有类似的习惯，或意外咬到硬物而受伤。

那么牙病是不是这只中国龙死亡的原因呢？很可能不是。一般来说，人类的牙槽在受伤之后三个月左右就能完成重塑，虽然恐龙的牙槽重塑时间尚不清楚，但它继续生存几个月甚至几年都是没问题的。

## 时代龙

| | |
|---|---|
| **拉丁名：** *Shidaisaurus* | **拉丁名含义：** 时代的蜥蜴 |
| **食性：** 肉食性 | **体长：** 约 6 米 |
| **发现地：** 云南禄丰 | **年代地层：** 中侏罗统川街组 |
| **命名者：** 吴肖春 等 | **命名时间：** 2009 年 |

### ◆ 特征

    时代龙体形较大，是禄丰地区中侏罗世最大的掠食性恐龙，是当地的霸主。在分类上，时代龙属于兽脚类中的基干坚尾龙类或中棘龙类。时代龙的模式种是金时代龙（*S. jinae*），属名和种名的"金时代"，是指化石发现地所在的禄丰世界恐龙谷的最初创建公司——浙江金时代控股集团有限公司。

    时代龙的化石保存并不完整，古生物学家只找到了小部分头骨和部分头后骨骼，缺失了大部分的尾椎、肋骨、肩带，以及四肢骨骼。由于化石的缺失，目前我们对这种恐龙的了解还比较少，但它仍有许多独特的特征，比如腰带骨上的坐骨相对较长，只略短于前面的耻骨。此外，它留下的几颗牙齿的前后缘都有锯齿，但根部的锯齿要比牙尖的密集，根部每 5 毫米有 15～16 个锯齿，而牙尖处，每 5 毫米只有 12.5 或 13 个锯齿。古生物学家在上游永川龙（*Yangchuanosaurus shangyouensis*）和自贡四川龙（*Szechuanosaurus zigongensis*）的牙齿上也发现了

复原图

Chinese
Dinosaurs
中国恐龙

时代龙

类似的特征。从上述的各个方面来看，时代龙都是一个强壮的掠食者。1995年在发现时代龙的化石坑中共发现了至少8只恐龙的骨架，这些骨架紧密排列在20余米的范围内，而时代龙，是这8具骨架中唯一一具肉食性恐龙骨架，剩下的都是川街龙（Chuanjiesaurus），并且时代龙的部分骨架被一具川街龙骨架压着。不过这不代表时代龙正在单挑一群川街龙当晚餐，经过研究，这些恐龙遗体是死后被冲积到此地后才堆积成这样的。

# 宣汉龙

**拉丁名:** *Xuanhanosaurus*　　**拉丁名含义:** 宣汉（县）的蜥蜴

**食性:** 肉食性　　**体长:** 约4.5米

**发现地:** 四川宣汉　　**年代地层:** 中侏罗统下沙溪庙组

**命名者:** 董枝明　　**命名时间:** 1984年

### ◆ 特征

　　宣汉龙是一种中等大小的肉食性恐龙，古生物学家最初将其归入巨齿龙类，而最新的研究将其归入到中棘龙类，它可能是中棘龙类中最原始的成员之一。宣汉龙的模式种（一个属的特征是基于其中某个种来描述的，这个种就称为该属的模式种）是七里峡宣汉龙（*X. qilixiaensis*），种名取自化石点附近的七里峡风景区。宣汉龙的化石完整度不高，有2枚颈椎、4枚背椎、完整的右侧肩带和右前肢。根据已发现的化石推测，宣汉龙的体长约4.5米，也有可能更长一些达到6米左右，这与同时期的掠食者差不多大或稍大一些。

　　宣汉龙最大的特征在于它的前肢和前掌都很发达，要知道大部分中生代晚期的大型兽脚类恐龙，比如暴龙类，都长着与身材不相称的小短手。宣汉龙较长且强壮的前肢以及第四掌骨的存在，都表明它是一种比较原始的肉食性恐龙。由于其发达的前肢，古生物学家推断宣汉龙有可能以四足行走，但这取决于它的手掌和腕部的

结构是否允许它以全手掌接触地面，如果不能，宣汉龙仍然是以两足行走。四足行
走的兽脚类恐龙是十分罕见的，邢立达团队曾在甘肃白银平川地区发现了一道四足
行走的兽脚类恐龙足迹，并将其命名为平川跷脚龙足迹（ *Grallator pingchuanensis* ），
这是首次发现确凿的兽脚类四足行走的遗迹学（地史时期生物生命活动所形成的化
石记录的学科）证据。巧的是，平川跷脚龙足迹的地质年代也是中侏罗世，那么它
与宣汉龙是否存在一定的关系呢？这还需要古生物学家进一步研究。不过，退一步
讲，宣汉龙发达的前肢即便不参与行走，也可以在日常狩猎中发挥很大的作用，比
如辅助控制和捕抓猎物等。

# 气龙

拉丁名: *Gasosaurus*　　拉丁名含义: 天然气的蜥蜴

食性: 肉食性　　体长: 3.5 ~ 4 米

发现地: 四川自贡　　年代地层: 中侏罗统下沙溪庙组

命名者: 董枝明、唐治路　　命名时间: 1985 年

◆ 特征

　　气龙是一种中等大小的肉食性恐龙，属于兽脚类中的基干坚尾龙类。发现的化石为一具缺失头骨的不完整骨架，包括 4 枚颈椎、7 枚背椎、5 枚荐椎、7 枚尾椎、1 对完整的肱骨、左髂骨、左耻骨、左坐骨和完整的左后肢；归入的参考标本还有 3 颗单独的牙齿。其中肢骨的骨壁厚实又粗壮，这使它区别于虚骨龙类（虚骨龙类是一类颇具多样性的兽脚类恐龙，包含多个演化支，例如：暴龙类、似鸟龙类、手盗龙类，也包含鸟类。目前绝大部分披羽恐龙都属于虚骨龙类）。

　　从发现的化石来看，气龙的手臂短小灵活，爪子锋利，擅于捕食小型猎物；后肢强壮有力，趾端长有尖锐的利爪，善于两足快速奔跑，猎杀剑龙类或原始的蜀龙等蜥脚类恐龙。

　　孤立发现的几颗牙齿和别的兽脚类牙齿一样，侧扁尖锐呈匕首状，前后缘上有

锯齿，这些小锯齿每 5 毫米 14～15 个，这样密集的锯齿使它能够轻松地撕咬生肉。气龙在中侏罗世蜀龙动物群里的地位就像今天的豹子一般，是十分敏捷的掠食者。

## ◆ 发现故事

1979 年冬天，四川省石油管理局川西南矿区的施工人员在自贡市的大山铺镇进行勘察施工，他们计划在这个地方修建一个停车场。然而一块巨大又顽固的岩石使得施工进程陷入僵局，最终施工队决定对其实施爆破。一声巨响过后，施工队员惊奇地发现，在崩下来的石块中，有几块石头上的印痕与动物骨骼十分相像。经古生物学家鉴定，这些石块竟然是一只肉食龙的骨骼化石！这次发现的化石与以往不同，之前找到的只有一些零散的牙齿化石。遗憾的是，由于爆破的威力巨大，这只恐龙失去了一些重要的骨骼，比如头骨等。然而古生物学家没有放弃，在最初发现的化石点附近找到了它的部分颈椎，随后又从砂岩体中找到了 3 颗牙齿。1985 年，古生物学家董枝明和唐治路根据这些标本将其命名为建设气龙（*G. constructus*）。属名的"气"和种名中的"建设"指的是建设气龙是在寻找天然气的建设过程中被发现的。

## ◆ 趣事笔记

20 世纪 80 年代发现的化石材料并不多，自贡恐龙博物馆在后来的发掘中又找到了一些标本。近年来，古生物学家对这些标本陆续进行了清修和研究，发现了一个古怪的现象。这么多标本中，除了一件坐骨与气龙的标本类似之外，其他标本都属于当地的另一种肉食龙——自贡永川龙（*Yangchuanosaurus zigongensis*）。由此看来，气龙当时还是一种比较稀少的兽脚类恐龙。

与气龙同时代生活在一起的还有川东虚骨龙（*Chuandongocoelurus*）、开江龙（*Kaijiangosaurus*）等，这使得四川省自贡市下沙溪庙组有多样性相当高的兽脚类恐龙。有趣的是，这些肉食性恐龙体形都不大，事实上，世界上同时期的肉食龙也都没大到哪儿去。

## 奇翼龙

**拉丁名：** *Yi qi*　　　**拉丁名含义：** 奇异的翅膀

**食性：** 肉食性　　　**体长：** 翼展约 60 厘米

**发现地：** 河北青龙　　　**年代地层：** 中—上侏罗统髫髻山组

**命名者：** 徐星 等　　　**命名时间：** 2015 年

◆ **特征**

　　恐龙会飞吗？如果是 30 年前你指着博物馆里的标本说："会飞的恐龙。"可能会被人善意地纠正，告诉你："那是翼龙，翼龙不属于恐龙。"不过，到了今日，我们已经知道，恐龙也是能够飞上蓝天的。早在中生代中期，就出现了这样一支不拘常规、极富勇气的飞行军——披羽恐龙。更重要的是，这些恐龙的后裔一直存活到了今天，那就是我们现在见到的鸟类。有趣的是，这些会飞的恐龙都有一个共同特点——片状飞羽，也就是说，它们长有一片一片的羽毛，就像它们的鸟类后裔一样。但是，2015 年古生物学家发表了一种生活于约 1.6 亿年前的小型披羽恐龙，它的翅膀却是像蝙蝠一样的翼膜。

　　这就是来自河北省秦皇岛市青龙满族自治县侏罗系地层的小恐龙——奇翼龙。从恐龙的分类学来看，它属于兽脚类中的擅攀鸟龙科。奇翼龙的翼展约 60 厘米，全身重量约 380 克，与喜鹊差不多大小，但略重一些。这类恐龙拥有独特的适应性

复原图

Chinese
Dinosaurs
中国恐龙

奇翼龙

特征，可能过着树栖生活，其成员还包括发现于内蒙古自治区赤峰市宁城县的树息龙和耀龙。这一恐龙类群与鸟类亲缘关系非常近，但长相却不尽相同。它们有着短粗的头部，手部外侧手指极长，尤其是它们的羽毛十分僵硬，呈丝状，更接近原始羽毛，而不像其他似鸟恐龙和鸟类拥有的片状羽毛。

但神奇的地方是，奇翼龙长着一根 13 厘米长、从腕部伸出的棒状骨结构。类似结构从来没有在其他恐龙身上发现过，但却在一些会飞的四足动物的腕部，或者肘部，或者踝部附近存在，这些动物包括蝙蝠、翼龙和鼯鼠等。奇翼龙腕部的棒状结构和日本鼯鼠腕部长着的棒状结构尤其相像。在所有这些动物中，这种棒状结构的功能就是支撑翼膜，用于飞行或者滑翔。古生物学家在观察奇翼龙的化石时，确实也在棒状结构和手指附近发现了残缺翼膜。这意味着奇翼龙有着和鸟类及其恐龙近亲完全不同的翅膀，它的翅膀像蝙蝠和其他会飞的四足动物一样，主要由翼膜构成，而不是羽毛。在恐龙身上，这个发现是前所未有的。

通过形态特征的分析和飞行能力的计算，古生物学家相信奇翼龙的翅膀具有飞行功能，但奇翼龙并不是特别擅长飞行，它的空中生活似乎只限于在树木之间做短距离的飞翔，或者从高处滑翔到地面。目前，古生物学家还无法确定奇翼龙是采用扑翼飞行还是滑翔飞行，亦或是二者兼具。后一种飞行方式的可能性更大一些，也就是奇翼龙可能以滑翔飞行为主，辅助以扑翼飞行。过去从事鸟类飞行起源的研究者一直忽视了这种方式，但现在看来，这恰恰是未来探索鸟类飞行起源的一个重要方向。

### ◆ 趣事笔记

侏罗纪中期，在鸟类的恐龙"祖先"竞相"飞天"的过程中，带着翼膜的奇翼龙可谓独树一帜。它代表了这个飞翔演化过程中的一个特例，提醒古生物学家，在飞行演化的早期历史中，兽脚类恐龙有着诸多创新性的尝试，但许多支系不幸进入演化的死胡同，只有现生鸟类的这种飞行模式延续至今。

另外值得一提的是，奇翼龙中的属名和种名还是目前已知最短的恐龙学名，其属名 Yi，意为"翅膀"，种名 Yi qi，意为"奇异的翅膀"，这个学名也凸显了在恐龙向鸟类演化的过程中，这一物种演化出的完全不同于其他似鸟恐龙和鸟类的翅膀。奇翼龙的发现，为翼膜状飞行器官的趋同演化提供了一个绝佳实证，证明了即便是在以羽翼为特征的鸟类支系中，也曾出现过翼膜翅膀。

## 耀龙

**拉丁名:** *Epidexipteryx*　　**拉丁名含义:** 炫耀的翼

**食性:** 肉食性　　**体长:** 25 厘米（不含尾羽）44.5 厘米（含尾羽）

**发现地:** 内蒙古宁城　　**年代地层:** 中—上侏罗统髫髻山组

**命名者:** 张福成 等　　**命名时间:** 2008 年

### ◆ 特征

　　耀龙属于兽脚类恐龙中的擅攀鸟龙科，种名是胡氏耀龙（*E.hui*），"胡氏"是向英年早逝的古哺乳动物学家胡耀明致敬。胡耀明是古脊椎所的古哺乳动物专家，2008 年 4 月，年仅 42 岁的他因病去世。同事们将新物种的种名献给他，用古生物学家特有的方式，将对这位杰出同行的追思镌刻进古生物学的历史长卷中。

　　耀龙的体形非常小，体长约 44.5 厘米，比鸽子还稍微小一点。它的全身长满了毛，毛茸茸的。和其他恐龙相比，耀龙的尾巴很独特，它的尾巴特别短，而且尾巴后面还长着四根超长的尾羽，长约 17.5 厘米（不完整），占到了体长大约三分之一。这些羽毛也很奇特，尽管也有羽轴、羽片等结构，但这些羽片是长带状的，羽轴更是加粗了许多，因此被称为羽轴主导型羽，也被称为近端条带状羽，这是已知化石记录里最早的纯装饰用羽毛。

复原图

Chinese
Dinosaurs
中国恐龙

耀龙

　　耀龙的化石保存得并不完整，尾羽的尖端部分缺失，因此我们不知道这几根尾羽到底有多长，但保留下来的部分，已经接近它们身体的长度了。这些尾羽并不能保持身体平衡或者用于飞行，因为其构造不符合空气动力学要求。那么它们的功能是什么呢？多数古生物学家认为这些尾羽是动物种群内信息交流的工具，主要功能是求偶炫耀、物种识别和视觉沟通等。

　　除了尾巴上夸张的羽毛之外，耀龙身上还有两处有趣的特征，一个是它的牙齿，另一个是它的手指。

　　乍一看耀龙的头骨有点像窃蛋龙的头骨，但有一个特别明显的区别：窃蛋龙嘴里是没有牙齿的，但是耀龙嘴里的牙齿非常明显，而且向前倾斜，就像长了一嘴的

"龅牙"。这种类型的牙齿有什么作用呢？当然是为了更牢地咬住猎物。可以想象一下，昆虫被这样的牙齿咬住，是根本跑不掉的。

耀龙的手非常逗，它的手上保留了 3 根手指，这点和大多数肉食性恐龙一样。但是它最外侧的那根手指却特别长，长度已经超过了躯干的一半。它是用来做什么的呢？对此，古生物学家们确实有些困惑。一种生活在马达加斯加的指猴，也有特别长的手指。指猴的中指又细又长，长度是其他指头的三倍，觅食的时候，指猴会把指头探入虫子在树上钻的洞里，用指尖找到美味的肉虫，把它挖出来吃掉。古生物学家们猜测耀龙长长的外侧指搞不好也能起到类似的作用呢，毕竟它也是爱吃昆虫的。不过，更多的擅攀鸟龙科的发现，例如奇翼龙与其独特翼膜的发现，说明了耀龙很可能也有这样的一面翼膜，可以在林中滑翔，而那长长的外侧指应该是用来连接翼膜的，而不是去抠树洞里的虫子。

耀龙还有一个头衔——世界上最小的非鸟恐龙。这个"最小"其实稍微有那么一点点争议，争议的核心在于耀龙那几根长长的尾羽到底要不要算进它的身体长度里。现在含不完整尾羽的体长是 44.5 厘米，如果算上完整尾羽的话，耀龙的全长可能接近或超过 50 厘米，那它就和中华龙鸟（模式标本 68 厘米）、小盗龙（模式标本 65 厘米）等差不多大小。

# 树息龙

**拉丁名:** *Epidendrosaurus*　　**拉丁名含义:** 爬树的蜥蜴

**食性:** 肉食性　　**体长:** 约15厘米（未成年）

**发现地:** 内蒙古宁城　　**年代地层:** 中—上侏罗统髻髻山组

**命名者:** 张福成 等　　**命名时间:** 2002 年

## ◆ 特征

　　树息龙是一种小型的肉食性恐龙，属于兽脚类中的擅攀鸟龙科。目前发现的化石只有两件未成年个体化石，头骨有些残缺破碎，身体和四肢骨骼较为完整。

　　正如它的学名所喻示的，树息龙是生活在树上的小型恐龙，体长约15厘米，和现在的麻雀差不多大，是体形最小的恐龙之一。不过，目前发现的树息龙都是未成年个体，成年后的体形肯定要更大一些。树息龙的前肢有皮肤衍生物的印痕，尾巴基部仍保有部分鳞片。擅攀鸟龙科中的奇翼龙被发现之后，古生物学家推断树息龙可能也有类似的翼膜，使其可以在林木之间滑翔。

　　树息龙有一个大脑袋，眼眶很大，也就意味着它们都有一双大大的眼睛，但这可能是幼年个体的特征。树息龙的嘴巴圆且宽，下颌保存了至少12颗牙齿，前部的牙齿比后部的大，这样的嘴型和牙齿很适合捕杀昆虫等小动物。

Chinese
Dinosaurs
中国恐龙

树息龙

　　和擅攀鸟龙科的其他成员一样，树息龙手部的外侧指远远长于其他两指。这个特征区别于大多数兽脚类恐龙和已知的鸟类，它们通常都是内侧最短、中间指最长。树息龙这个外侧指很可能与奇翼龙等擅攀鸟龙科恐龙一样，用于连接翼膜。

　　树息龙命名于 2002 年，是古生物学家首次发现的带有明显树栖性特征的恐龙，它的前肢长于后肢，这是对攀爬的适应。脚部的次枚趾节（从爪部倒数的第二趾节）或远端趾节较长，这也是树栖鸟类具有的特征。脚部有大型的第一趾，并且可能可以后转，也就是能够与剩下的三趾对握，现生树栖鸟类也是这样的结构。此外，树息龙的第一至第四跖骨的远端几乎处在同一水平面上，与现生的许多特别适应树上栖息生活的鸟类非常相似。树息龙还有一条细长且坚挺的尾巴，末端可能有扇状的尾羽。长尾巴可以在运动过程中帮助树息龙保持平衡，也可以当作树上攀爬时的支点，就像现生啄木鸟的尾巴那样。

树息龙生活的时代和适应树栖生活的特征表明，在早白垩世鸟类大量繁衍之前，兽脚类恐龙已经早一步适应了树上的生活。这一发现，使得"鸟类起源于恐龙"的假说更加完善，同时也进一步支持了"鸟类飞行的树栖起源"学说。

## ◆ 发现故事

树息龙学名的有效性目前仍有争议，这是因为树息龙与擅攀鸟龙（*Scansoriopteryx*）的标本非常相似，很可能是同一个物种。擅攀鸟龙是美国古生物学家斯蒂芬·柯瑞克斯（Stephen Czerkas）和中国古生物学家袁崇喜在 2002 年发表的，依照命名优先原则，先出版的享有优先权。然而尴尬的事情在于，树息龙先在论文的网站公开数月后才出版，擅攀鸟龙则在这段时间内先出现在印刷出版物上，因此树息龙学名的有效性还有待商榷。

# 近鸟龙

| | |
|---|---|
| **拉丁名:** *Anchiornis* | **拉丁名含义:** 接近鸟 |
| **食性:** 肉食性 | **体长:** 约 34 厘米 |
| **发现地:** 辽宁建昌 | **年代地层:** 中—上侏罗统髫髻山组 |
| **命名者:** 徐星 等 | **命名时间:** 2009 年 |

## ◆ 特征

　　近鸟龙的正型标本保存得相对完整,只缺少头骨、右前肢和部分尾巴。古生物学家推断其身长约 34 厘米,重量约 110 克,是已知最小型的恐龙之一。2009 年 9 月底,沈阳师范大学的胡东宇教授和古脊椎所的徐星研究员又披露了一件近鸟龙的新标本。这件标本保存得非常完好,骨架周围广泛而清晰地分布着羽毛印痕。徐星等古生物学家将其命名为赫氏近鸟龙(*Anchiornis huxleyi*),种名中的"赫氏"是向托马斯·赫胥黎致敬,以纪念他对演化生物学的贡献,他也是首次提出"恐龙演化为鸟类"的科学家。

　　近鸟龙的外观与初鸟类、伤齿龙类和驰龙类都非常相似,这些可都是大名鼎鼎的恐龙分支,比如《侏罗纪公园》电影中的超级明星伶盗龙就属于驰龙类,而著名的"恐龙人"假说是脱胎于伤齿龙类的研究。近鸟龙最接近于其中的伤齿龙类,这似乎也暗示着它是一种比较聪明的小恐龙。

　　近鸟龙最为奇特的地方在于它的前、后肢和尾部分布的飞羽。它的前肢有 11 根初级飞羽（指固定在相当于人类的腕骨、掌骨和指骨上，张开翅膀时就在两翼之末端的羽毛）、10 根次级飞羽（着生在尺骨上，相当于人类小臂位置的羽毛）。这些初级飞羽和次级飞羽的长度接近，羽轴纤细，羽片对称，尖端钝圆。这些特点很可能意味着近鸟龙几乎不具备飞行能力，无法像小盗龙一样自由地滑翔。小盗龙与始祖鸟前肢最长的羽毛，都位于前肢末端，前肢羽毛的形状类似长而尖的鸟类翅膀上的羽毛。而近鸟龙前肢最长的羽毛位于手腕处，这样看似长而宽的翅膀，气动性（为了最优化飞行时空气作用在身体表面上的力，鸟类演化出前缘厚、后缘薄的翅膀，使其穿过空气时阻力小并能产生升力，后缘的飞羽则扩大了翼表面积，产生了强大的浮力和飞行动力）却较差。

近鸟龙的后肢短于小盗龙，小腿附有 12 ~ 13 根飞羽，脚踝附有 10 ~ 11 根飞羽，这些羽毛都比小盗龙的短，而且下垂。近鸟龙的足部几乎全部覆盖着羽毛，只露出趾爪，古生物学家还没在其他灭绝物种中发现过类似的特征。

近鸟龙的前肢相当长，前肢长度约是后肢长度的 80%，这个比例接近始祖鸟和驰龙类。前肢的长度通常被视为衡量飞行能力的一个指标。但近鸟龙的比值与小盗龙等近亲相比，前肢仍然太短，不能飞行。此外，近鸟龙的飞羽短且对称，与小盗龙和原始鸟类的相比，气动性较差，显然不适于飞行。近鸟龙的小腿很长，这通常被视为动物能快速奔跑的有利结构，不过，它腿上竟长满羽毛，这在奔跑型动物身上非常少见。这些都表明恐龙到鸟类的转化过程是极其复杂的。于是，有古生物学家认为，兽脚类恐龙的所有主要类群在晚侏罗世早期之前可能都已出现，并且迅速分化，包括鸟类在内的许多重要类群就是在这次快速演化事件中出现的。

2010 年，古生物学家李全国等人成功重建了近鸟龙的羽毛颜色。研究者在近鸟龙标本的全身羽毛中取了 29 个样品，在扫描电镜和透射电镜下，找到了保存得很好的黑素体。他们对这些黑素体的大小、长度和形状进行了测量和统计。同时还从现生鸟类不同颜色的羽毛中提取样品，对黑素体的不同指标进行统计分析。通过分析结果的对比，最终确定近鸟龙全身所有羽毛的颜色：它们的头顶有一簇红褐色的羽毛，翅膀黑白相间，身体总体呈灰色，腿上长着长长的黑白相间的羽毛——一直延伸到脚趾附近。研究还表明，恐龙最初的羽毛并不是用来飞翔的，而是用来吸引异性、恐吓敌人，甚至是驱赶猎物的。

### ◆ 发现故事

在过去近 40 年中，"鸟类起源于兽脚类恐龙"的假说不仅得到了化石宏观形态功能学研究成果的支持，而且得到了化石微观骨组织学、个体发育学、生理学、行为生态学，甚至分子生物学研究成果的支持。鸟类与恐龙的关系正逐渐变得明朗起来。

不过，尽管"鸟类恐龙起源"假说有了如此之多的证据，但科学家们对于恐龙到鸟类的演化过程的研究还有很多不够清晰的薄弱环节，这些薄弱环节常常成为少数古生物学家质疑这一假说的理由。其中，最薄弱的环节之一就是鸟类是什么时候开始与兽脚类恐龙分异的。目前已知最早的鸟类是发现于德国索伦霍芬地区晚侏罗世晚期地层的始祖鸟。如果"鸟类恐龙起源"假说是正确的，我们应该能够在侏罗系地层中发现大量的与鸟类亲缘关系密切的兽脚类化石，尤其是与鸟类亲缘关系最近的恐爪龙类化石。遗憾的是，在世界范围内，这个时期的似鸟类恐龙化石记录一直非常匮乏，因此有些古生物学家反对"鸟类起源于恐龙"这一假说。

近鸟龙的发现便填补了恐龙到鸟类演化进程中薄弱环节的空白。近鸟龙标本产于辽宁省葫芦岛市建昌县大西山的髫髻山组地层。基于古生物地层学证据，髫髻山组传统上被归为中侏罗统，不过，近年来的同位素测年显示，这套地层很可能沉积于 1.61 亿 ~ 1.51 亿年前的晚侏罗世早期。由于古生物学证据和同位素测年数据都支持髫髻山组早于德国索伦霍芬始祖鸟化石层，因此，研究人员推断，近鸟龙的生活时代较德国始祖鸟的要早，这样一来，近鸟龙就成为世界上已知最早的长有羽毛的恐龙，完美地衔接于恐龙和鸟类之间。

# 足羽龙

**拉丁名:** *Pedopenna*　　　**拉丁名含义:** 脚部的羽毛

**食性:** 肉食性　　　**体长:** 约1米

**发现地:** 内蒙古宁城　　　**年代地层:** 中—上侏罗统髫髻山组

**命名者:** 徐星、张福成　　　**命名时间:** 2005年

◆ **特征**

　　足羽龙是一种小型的肉食性恐龙,属于兽脚类中的真手盗龙类。化石只保留了小腿和足部,自胫骨至脚趾都覆盖有清晰可见的羽毛印痕。由于先前在中国发现的带羽毛恐龙都来自白垩纪,2005年给它命名的时候,认为它很可能是世界上第二件来自侏罗纪的长有羽毛的非鸟兽脚类恐龙化石(第一件是德国的始祖鸟),对研究龙鸟演化有重要的促进作用。

　　足羽龙足部的骨骼结构显示它与近鸟龙亲缘关系十分密切,它很可能也是一只四翼恐龙。足羽龙的脚部比较原始,第二趾并没有像其他恐爪龙类那样弯曲特化,没有发展成典型的"杀手爪"。

　　足羽龙最特别的是跖骨上长有廓羽(飞羽加上覆羽,形成了一副完整的羽衣"外壳",包裹住鸟身,勾勒出每只鸟儿特有的轮廓),包括对称的飞羽和一些覆羽。

有些驰龙类也长有带廓羽的后肢，例如小盗龙，但它们的羽毛形态不同。足羽龙足部羽毛较小，形状较圆，最长的羽毛长约 5.5 厘米，稍短于跖骨。此外，足羽龙的足部羽毛是对称的，不同于那些后肢长有不对称羽毛的恐爪龙类。我们知道，不对称的羽毛是飞行动物最典型的特征，而足羽龙的对称羽毛则代表着羽毛演化的早期阶段。

由于羽毛缺乏气动性，足羽龙很可能无法飞行，那么它后腿的羽毛就只有装饰和调节体温的功能了。古生物学家认为，后肢上的翅膀，也就是后翼，可能曾经广泛存在于恐爪龙类与鸟类的身上，但随后鸟类支系失去了这些后翼，而足羽龙则代表了后翼从滑翔功能萎缩到仅保留展示功能的中间阶段。

# 始中国羽龙

| | |
|---|---|
| **拉丁名：** *Eosinopteryx* | **拉丁名含义：** 原始的中国的翼 |
| **食性：** 肉食性 | **体长：** 约 30 厘米 |
| **发现地：** 辽宁建昌 | **年代地层：** 中—上侏罗统髫髻山组 |
| **命名者：** 帕斯卡·迦得弗利兹 等 | **命名时间：** 2013 年 |

◆ **特征**

　　始中国羽龙是一种体形非常小的肉食性恐龙，属于兽脚类中的基干伤齿龙类。其正型标本保存了完整的骨骼化石和羽毛印痕。始中国羽龙长约 30 厘米，高约 10 厘米，看上去和一只鸽子差不多大，是目前已知体形最小的非鸟类恐龙之一。

　　与大多数伤齿龙类恐龙不同的是，始中国羽龙的脑袋较短，仅有 4.3 厘米长，这主要体现在它的吻部非常短。它的眼眶很大，这表明它的视力非常好。此外，它的前肢着生有飞羽，初级飞羽比上臂骨（也就是肱骨）长。除了前肢长长的飞羽，始中国羽龙的身上还覆盖着一层丝状的毛。

　　始中国羽龙的后肢比较奇特，股骨（也就是大腿骨）的长度为 4.9 厘米，脚趾要比其他伤齿龙类纤细，脚爪弯曲程度弱，原本膨大的第二趾也有退化的趋势。此外，始中国羽龙的腿部羽毛很少且较短，不像近鸟龙或小盗龙那样羽毛很长。古生

复原图

Chinese Dinosaurs
中国恐龙

始中国羽龙

物学家推断这样的脚部比起在树上栖息，更适于在陆地上行走，因此始中国羽龙很可能是一种擅长奔跑的带羽毛恐龙。

始中国羽龙的尾巴较短，长度仅是股骨长度的 2.7 倍。引人注意的是，不同于辽西地区发现的其他伤齿龙类恐龙，始中国羽龙尾巴末端只有原始的丝状的毛。

在分类上，古生物学家认为始中国羽龙与近鸟龙是姊妹群，同属于伤齿龙类，而在这个支序分析中始祖鸟则属于恐爪龙类。始中国羽龙的发现意义在于，它增加了侏罗纪小型非鸟恐龙的多样性，表明在中—晚侏罗世时期，小型带羽毛的恐龙已经占据了不同的生态位，它们不仅仅树栖生活，一些种类也会在地面活动。而不同属种之间的羽毛也存在着更高的多样性，从这个角度来看，鸟类飞行和羽毛演化的模式要比我们之前认知的更为复杂。

# 泥潭龙

**拉丁名:** *Limusaurus*　　**拉丁名含义:** 泥潭的蜥蜴

**食性:** 杂食性　　**体长:** 约 2 米

**发现地:** 新疆准噶尔盆地　　**年代地层:** 中—上侏罗统石树沟组

**命名者:** 徐星 等　　**命名时间:** 2009 年

### ◆ 特征

　　泥潭龙是一种小型的杂食性恐龙，属于兽脚类中的角鼻龙类，角鼻龙类的分异度很高，而泥潭龙是这一类群中最古老、最原始的成员之一。

　　最初发现的泥潭龙的两件化石是两个亚成体标本。其中正型标本（科学家发表新种时所依据的单一标本称为正型标本或正模标本，代表此物种的形态特征，供后人观察参考）是一件几乎完整、关节相互关联的骨骼化石。另一个标本的骨骼关联得也很好，但缺失了头骨，据研究人员推测，其死亡时可能只有 6 岁。

　　泥潭龙看上去貌不惊人，却对解决兽脚类恐龙研究过程中的两个重大谜题做出了重要贡献。这两个谜题，一个是兽脚类恐龙和鸟类的手指同源问题，另一个是兽脚类恐龙当中肉食性至植食性转移的问题。

　　鸟类手指同源问题，是研究鸟类起源的过程中，一个一直困扰古生物学家的难题，也是演化生物学研究领域长期以来最具争议性的问题之一。化石记录显示，鸟类的祖先——恐龙，有 5 根手指，这 5 根手指在向鸟类的演化过程中，外侧两指，也就是第四指、第五指退化并消失，最终形成鸟类具有 3 根手指的爪部。但是，现代发育生物学研究却表明，鸟类保留了中间 3 根指，也就是说，在鸟类演化过程中，最外侧（第五指）和最内侧（第一指）的 2 根手指退化消失了。这样一来，古生物学和现代发育生物学在鸟类手指同源（在生物学种系发生理论中，若两个或多个结构具有相同的祖先，则称它们同源）问题上就产生了矛盾。

　　泥潭龙不同寻常的手部结构为解开这个谜团提供了重要的线索。与很多其他早期兽脚类一样，泥潭龙有 4 根手指，但第一指却严重退化了，第二指非常发达，这是一种与其他早期兽脚类恐龙完全不同的手指退化模式。研究者认为，这一现象表明，兽脚类恐龙的手指退化模式远比过去人们认为的复杂。

食性的转移又是怎么回事呢？最初发现的泥潭龙嘴巴里没有牙齿，只有一个像鸟类一样用来切割植物的喙，它的肚子里还发现了常见于植食性恐龙的胃石。这些现象使科学家们误以为它是完全的素食者。

2016 年，同一个研究团队在新疆又找到了更多的泥潭龙化石，一共是代表 6 个不同年龄段的 19 个个体标本。古生物学家在观察这些标本时发现了一种奇怪的现象，小泥潭龙的体长不过 30 厘米，但嘴里至少长有 42 颗牙齿，但到了 1 岁的时候，它口中的利齿竟然都不见了，反而是肚子里多了一些胃石。也就是说，泥潭龙在个体成长的过程中，食性发生了转移，从肉食性或杂食性，转变为植食性。牙齿在个体发育过程中缺失的现象在现生动物里并不罕见，例如须鲸、鸭嘴兽以及一些鱼类都有出现，但这却是首次在爬行动物中观察到这个现象。

## ◆ 发现故事

徐星研究员回忆：有一次，他们在新疆的沙漠戈壁找恐龙化石，突然下了一场暴雨，车子陷到泥潭里了，一直发动不起来，这让人相当绝望……不过没想到的是，类似这样的事情在 1.6 亿年前的恐龙身上也发生过。

徐星和他的同事在考察地层的时候偶然发现了一个奇怪的深坑，研究人员认为这个巨坑可能是身长近 30 米的马门溪龙的大脚印，对于这种巨型恐龙来说，随随便便踩一脚地上就会留下一个大坑。马门溪龙从一片湿地走过，留下了一个又一个的大坑，暴雨过后，这些被水淹没的大坑，可能就变成了致命的陷阱。一些路过的小恐龙遇到这样的大坑就倒霉了，一不小心掉进去就会被困住或淹死。泥潭龙就是在这样的大坑里面发现的，所以古生物学家将其命名为"难逃泥潭龙"，该事件真可谓是"侏罗纪的巨足之祸"了。

## ◆ 趣事笔记

古生物学家观察和分析了以往发现的一些兽脚类恐龙的手部结构，提出了一种外侧转移假说来解释泥潭龙手指的演化模式。

他们认为，最早期的兽脚类恐龙退化了最外侧的手指（第五指），随后伴随着恐龙猎食行为的变化，最内侧的手指（第一指）也退化消失了，这样具有 3 根手指的坚尾龙类（包括著名的异特龙、伶盗龙等）实际上保留的是中间的 3 根手指，但由于发育机制的变化，同源异型转化造成了中间 3 根手指发育成内侧 3 根手指（也就是第一指至第三指）的形态。也就是说，包括鸟类在内的具有 3 根手指的坚尾龙类所保留的 3 根手指其实是第二、三、四指，这就改变了关于坚尾龙类保留了第一、二、三指的传统观念。这样一来，存在于古生物学和现代发育生物学之间的矛盾就消除了。

# 单脊龙

**拉丁名：** *Monolophosaurus*　　　　**拉丁名含义：** 一道脊的蜥蜴

**食性：** 肉食性　　　　**体长：** 约5米

**发现地：** 新疆奇台　　　　**年代地层：** 中—上侏罗统石树沟组

**命名者：** 赵喜进、菲利普·柯里　　**命名时间：** 1993年

## ◆ 特征

　　单脊龙是一种中等大小的肉食性恐龙，属于兽脚类中的基干坚尾龙类。发现的化石包括完整的头骨、部分头后骨骼、脊椎和腰带骨。

　　单脊龙有一个大脑袋，长80厘米。锋利的牙齿就像一把把小刀子，和典型肉食龙的形态接近。而且牙齿数量不少，前上颌骨有4颗牙齿（指每侧，全书同），上颌骨有13颗牙齿，下颌齿骨的牙齿有17~18颗，也就是说，它嘴巴里的牙齿一共有68~70颗！这比人类儿童的20颗、成年人的32颗牙齿多多了。

　　单脊龙最引人注目的是脑袋上那个奇特的脊冠。脊冠是由前上颌骨、鼻骨、泪骨和额骨在头骨中线处形成的骨质突起，上面有一些凹坑和隆起。鼻骨是鼻子的骨头，泪骨位于眼眶的内侧，额骨就是你一拍脑门时拍到的那个地方了。

复原图

Chinese
Dinosaurs
中国恐龙

单脊龙

　　单脊龙的这个脊冠并不坚固，CT 扫描显示其内部有一些较大空腔。脊冠就像单脊龙的名片，很容易将它与其他兽脚类恐龙区别开来。有趣的是，单脊龙的脊冠是在中间窄窄的一道，而北美的双脊龙则有一对脊冠。目前还没完全弄清这些脊冠的作用，但用来撞击是不可能的，因为它们的结构太不坚固了，有的古生物学家认为其作用是便于同类间相互识别，或者是用于繁殖季节向异性炫耀。

　　古生物学家在一件单脊龙标本上发现了一处病变，它的第 10 枚和第 11 枚背椎的神经棘有断裂后愈合的痕迹。其受伤的原因并不清楚，可能是某种外力使得它的背部受到了重重一击！不过它很坚强，抗住了重击，并活了下来。

　　1981 年，古生物学家赵喜进参与了新疆石油管理局组织的石油地层学调查工作。在工作期间，他意外地发现了一块奇特的标本，是一件带有脊冠的恐龙化石。这件标本是在新疆维吾尔自治区昌吉回族自治州奇台县北部的将军戈壁发现的。这一发现使古生物学家吃惊不已，于是为它匆匆起了一个名字，叫作"将军庙龙"（*Jiangjunmiaosaurus*）。1984 年，中国科学院古脊椎动物与古人类研究所（下文简称古脊椎所）的野外考察队将其挖掘出来，这件标本才完完全全展现在世人面前。

　　将军庙是什么意思呢？关于将军庙还有一个美丽而神秘的传说。相传唐朝中期北庭都护府节度使杨袭古奉命率兵远征，平定边疆，与吐蕃大战，不幸闯入这片茫茫戈壁，走了几日，已是弹尽粮绝，人困马乏。最终数千将士只剩下一壶水，杨将军不忍独自喝下，将水分给士卒，终水绝，全军覆没。后人为了纪念这位忠勇的将军，在其遇难的地方修建了一座庙宇来祭奠他，这就是将军庙，而这片荒漠戈壁也因此得名将军戈壁。

　　1993 年，经过进一步详细的研究，古生物学家赵喜进和加拿大的恐龙专家菲利普·柯里（Philip Currie）将"将军庙龙"正式命名为将军庙单脊龙（*M. jiangi*）。但由于和外国学者沟通时有些误会，他们以为将军是一个人的名字，因此种名按照姓氏的拉丁文格式命名，所以这只恐龙有时也会被翻译成"江氏单脊龙"。

# 中华盗龙

**拉丁名：** *Sinraptor*　　　　　　　　　**拉丁名含义：** 中国的盗贼

**食性：** 肉食性　　　　　　　　　　　　**体长：** 约 8 米

**发现地：** 新疆吉木萨尔、四川自贡　　　**年代地层：** 中—上侏罗统石树沟组、

**命名者：** 赵喜进、菲利普·柯里　　　　　　　　　　 上侏罗统上沙溪庙组

　　　　　　　　　　　　　　　　　　　　**命名时间：** 1994 年

## ◆ 特征

　　晚侏罗世是肉食龙类繁盛的时期，中华盗龙是其中的翘楚，毫不夸张地说，它绝对是当时当地最大型、最凶悍的掠食者。

　　中华盗龙的化石是一具保存得相当完整的骨架，只缺少前肢及部分尾椎。它的脑袋很大，容纳眼睛的眼眶也不小，这表明它的视力相当不错。它的嘴里长满了一排排锋利的牙齿，就像一把把匕首。它的前肢很灵活，指上长着又弯又尖的利爪；后肢又长又粗壮，生有 3 趾，它可以像今天的鸸鹋等不能飞的大鸟那样用 3 趾着地，奔跑速度相当快。有了这样的后肢，中华盗龙能够快速奔跑追捕猎物。它的尾巴也很长，有助于奔跑时保持身体平衡。

　　中华盗龙的习性可能与今天的大型猫科动物一样，性情冷僻，喜欢单独行动。中华盗龙猎捕的对象通常是一些性情温和的植食性恐龙，如果它们被中华盗龙盯

复原图

Chinese Dinosaurs
中国恐龙

中华盗龙

上，就很难摆脱。因此，那些植食性恐龙总是时刻警惕着，一旦有什么风吹草动或是嗅到了中华盗龙的气味，就会以最快的速度逃离。

　　古生物学家仔细观察中华盗龙的化石后发现，它们可能会同类相残。中华盗龙的头骨和肋骨化石提供了相关的证据。它头骨的上颌骨和齿骨有多种病理现象，上面有圆形、沟状损伤，其中一处直接穿孔；一根肋骨断裂后又愈合，导致肋骨主干变短。有趣的是，头骨上的损伤尺寸可以与它自己的牙齿相对应，这表明这些伤痕很可能是另外一只中华盗龙给它留下来的。肋骨的损伤则很可能是因为两只中华盗龙在搏斗中互相撞击造成的。对比现生动物，顶级的掠食者比如老虎、狮子也都会在繁殖季节发生激烈的搏斗。

　　2009 年，邢立达等古生物学家还发现了一例罕见的中华盗龙肩胛骨骨折化石，这是我国兽脚类恐龙古病理学的首次详细记录。这个骨折类型强烈暗示着恐龙之间暴力冲突等级相当高。在人类骨学中，肩胛骨骨折一般在重大钝性外伤的情况下才有可能发生，所以古生物学家推断中华盗龙很可能就是在激烈的暴力冲突中受伤，而造成这一损伤的罪魁祸首极有可能是马门溪龙的尾锤。

## ◆ 发现故事

1987 年至 1990 年夏季，中国－加拿大恐龙计划考察队出动了超过 40 位古生物学家和技术人员，动用了 9 辆越野车，在中国准噶尔盆地的将军戈壁、五彩湾等地进行考察和发掘，这次的工作获得了让人惊叹的发现和成果。他们共采到重 60 吨以上的化石标本，描述了大批新物种。

1987 年，一位考察队员在"恐龙沟"一号采挖坑北面 8 米远的山坡拐弯处，突然发现他眼前的地面上凸出来白白的一块，走近一看，是一块恐龙爪子的化石。不过这块化石保存在非常坚硬的围岩里，古生物学家们经过两年的艰苦工作才把它掘出来。这件化石就是董氏中华盗龙（*S. dongi*），种名中的"董氏"是向古生物学家董枝明研究员致敬。

## ◆ 趣事笔记

有趣的是，远在四川的自贡发现了该属的另一个种。1992 年它被命名为和平永川龙（*Yangchuanosaurus hepingensis*），但后来古生物学家发现它可能是中华盗龙的第二个种——和平中华盗龙（*S. hepingensis*）。这个分类目前仍存在争议，但无论如何，中华盗龙与永川龙都有着很近的亲缘关系。

# 左龙

**拉丁名:** *Zuolong*　　　**拉丁名含义:** 左宗棠的龙

**食性:** 肉食性　　　**体长:** 约3.1米

**发现地:** 新疆吉木萨尔　　　**年代地层:** 中一上侏罗统石树沟组

**命名者:** 乔纳·乔因奈尔 等　　　**命名时间:** 2001年

◆ **特征**

　　左龙是一种小型肉食性恐龙,属于兽脚类中的虚骨龙类。左龙的化石保存了头骨以及部分头后骨骼,包括一些颈椎、背椎、腰带骨、后肢和尾椎等。左龙的属名是向清朝的军事家左宗棠致敬,左宗棠曾率军打败侵略新疆的沙俄军队,维护了国土的完整。模式种是萨氏左龙(*Z. salleei*),其中的"萨氏"是向资助研究的希尔马·萨莱(Hilmar Sallee)致敬。

　　左龙的体长只比一辆家用小轿车短一些,左龙和其他虚骨龙类一样,长长的尾巴约占体长的一半,吻部狭长,牙齿小而锋利,这些特征都是它们作为掠食者的身份象征。左龙可能以小型哺乳动物和小型爬行类动物为食,同时它们也可能是更大的肉食性恐龙的食物。

　　左龙标本发现于2001年,当时研究人员便认为它是一种原始的虚骨龙类,随

后的研究证实了这一推测。分支系统学分析结果显示，左龙属于基干虚骨龙类，是最古老的、保存有头骨和头后骨骼的虚骨龙类之一。左龙的发现增加了古生物学家对早期虚骨龙类形态的了解，亦增加了五彩湾地区兽脚类恐龙的多样性。

# 冠龙

**拉丁名：** *Guanlong*　　**拉丁名含义：** 有冠的龙

**食性：** 肉食性　　**体长：** 约3米

**发现地：** 新疆吉木萨尔　　**年代地层：** 中—上侏罗统石树沟组

**命名者：** 徐星 等　　**命名时间：** 2006年

◆ **特征**

冠龙是已知最早的暴龙类成员。

　　暴龙，又称霸王龙（*Tyrannosaurus rex*），是古生物史上最强的偶像，自从其被命名以来就一直长盛不衰。虽然暴龙的材料和研究相对丰富完整，但是原始暴龙的化石材料却直到21世纪初期都十分匮乏，此前发现的原始暴龙主要有距今1.5亿年的祖母暴龙（*Aviatyrannis*）和距今1.3亿年的帝龙（*Dilong*）。直至2006年，古生物学家徐星研究员发现了更为确凿的原始暴龙类恐龙，将其命名为五彩冠龙（*G. wucaii*），属名中的"冠"说明该龙的特征，头部有冠，种名中的"五彩"指其化石产地吉木萨尔县五彩湾那些色彩绚丽的岩石。这只有着奇异脊冠的小恐龙生活在1.6亿年前，比帝龙早了足足3000万年！也就是说，它比晚白垩世的"最终版本"暴龙还早了9200万年就已经在大地上四处猎杀了。

冠龙全长约 3 米，它最引人注目的特征是有一个大而脆弱的脊冠，从鼻子上面一直延伸到眼睛上方，而且充满空腔，这是除了鸟类之外的所有恐龙中最精致的脊冠。脊冠很薄，只有三四片薯片那么厚，这也导致它非常脆弱，不能用作攻击，但可以在求偶的时候用于炫耀。

相较于晚白垩世暴龙的小短手，冠龙的手臂很长，手上有三个大爪，可以抓住和撕裂猎物。但它的牙齿形态、头骨和腰带骨的特征足以证明它是暴龙大家族中的一员。

冠龙的发现支持了暴龙等肉食性兽脚类恐龙是在演化中逐渐巨型化的这一假说。化石向我们展示了暴龙的祖先是如何从小型食肉动物向大型凶猛恐龙演化的过程，这一过程耗费了约 1 亿年的时间。冠龙的发现意味着暴龙可能最先起源于中国，这不同于暴龙类恐龙起源于北美的传统观点。

目前发现的五彩冠龙共有两具标本，发现于同一个大坑中。恐龙的年龄可以通过研究其骨组织来判断。组织学分析表明，其中一只冠龙标本年龄比较大，骨组织研究显示它大约在 7 岁的时候就达到了成年体型，而后生长速率显著放缓，并一直活到了 12 岁，属于"稳定晚期"的个体。而另一只冠龙可能年仅 6 岁，正处于快速生长期，研究表明，是小个子的冠龙先死去的，而大个子在之后也"重蹈覆辙"，在同一个地点死亡，并在死后相当长的时间内暴露在地表。

## ◆ 发现故事

古生物学家的工作并没有想象中那么轻松，他们经常要去一些人迹罕至的地方寻找化石，有时会在山涧田野，有时会在悬崖陡壁，甚至荒茫戈壁也经常出现他们的身影。2002 年，古生物学家徐星研究员带领着他的科考团队来到了新疆，他们

复原图

Chinese
Dinosaurs
中国恐龙

冠龙

的目标是在一片荒无人烟的戈壁滩上寻找恐龙化石，戈壁滩上非常炎热，他们遇到的第一个挑战就是要忍受长时间的烈日曝晒。他们每天的工作就是顶着太阳，趴在戈壁滩上，拿着电镐清除大块的岩石，再用地质锤敲开坚硬的围岩，并用细毛刷子不断地刷石头，一边刷一边仔细地寻找着恐龙化石的痕迹。

这一天，考察队的一名成员偶然发现了一小截裸露在土层外的化石标本，循着这个线索，考察队员又继续深挖，竟然惊喜地发现了一连串的骨骼，并且这些骨骼都是互相关联的！这就意味着这具恐龙骨架可能是相对完整的。这样的推测使队员们十分兴奋，为了一睹真容，大家开始努力挖掘，当挖到头部附近的时候，竟然出现了一个精致的脊冠！这是侏罗纪早期肉食性恐龙常见的特征，但到了晚期就非常少见了。以至于美国科学家吉姆·克拉克在发现化石后惊呼："我们发现了前所未见的新东西！"

当这只非常完整的恐龙被挖掘出来，打上"皮劳克"（意思是"石膏壳"，俄语的音译，科学家将野外发现的较大块的化石用熟石膏和麻袋片包裹，将化石包在已定型的石膏壳内，这种石膏包就是"皮劳克"。"皮劳克"可以帮助化石在运输当中减少损伤），收尾打扫的时候，一位眼尖的考察队员看到了化石下方好像还有化石，大家立刻丢下手头的事又一通挖。天啊！竟然再次发掘出一具几近完好的，几乎和第一具一模一样，只是稍微小一些的恐龙化石。可惜的是，第二具化石头部没有脊冠，但有碎裂痕迹。古生物学家推测，从裂痕来看，这具恐龙化石头骨上的脊冠可能在埋藏的时候脱落了。

### ◆ 趣事笔记

恐龙骨组织学是研究恐龙化石骨骼显微结构的科学。恐龙骨骼形成化石后，仍能保存除了有机物质以外的几乎所有在现代动物中可见的骨骼特征。而脊椎动物的骨组织类型或组成形式在很大程度上反映了其生长过程和影响其生长的因素。因此，通过研究化石骨骼的结构，我们能够得到大量的信息。我们知道，爬行动物的年龄可以通过计算骨骼中生长标记（growth marks）或生长停滞线（lines of arrested growth）来推断，恐龙的年龄也可以用同样的办法推算。

# 简手龙

| | |
|---|---|
| **拉丁名:** *Haplocheirus* | **拉丁名含义:** 灵巧的手 |
| **食性:** 肉食性 | **体长:** 1.9 ~ 2.3 米 |
| **发现地:** 新疆准噶尔盆地 | **年代地层:** 中—上侏罗统石树沟组 |
| **命名者:** 乔纳·乔因奈尔 等 | **命名时间:** 2010 年 |

## ◆ 特征

简手龙是一种小型的肉食性恐龙，属于兽脚类中的阿尔瓦雷斯龙类。阿尔瓦雷斯龙这个名字对很多人而言可能有些拗口难记。但对于西班牙语系的朋友来说并不陌生，因为阿尔瓦雷斯是西语世界常见的一个姓氏，在他们听起来，这就像李某、王某一样熟悉。阿尔瓦雷斯龙发现得较晚，名字也有些拗口，因此它们的名声并不算响亮。但在古生物学家眼中，它们却是恐龙研究领域最有趣，也是最奇特的类群之一。

简手龙的化石是一件保存得相当完整的骨骼化石，大多数骨骼关节仍然相互关联，仅缺少尾巴的末端，这也是目前世界上保存最完整的阿尔瓦雷斯龙类化石。不仅如此，简手龙还是体形最大的阿尔瓦雷斯龙类之一，比白垩纪的阿尔瓦雷斯龙类成员大多了。这就意味着阿尔瓦雷斯龙类这一演化支从侏罗纪到白垩纪的演化过程中，有体形逐渐缩小的趋势。

作为早期的阿尔瓦雷斯龙类，简手龙有不少特殊的地方，比如简手龙的上颌骨至少有 30 颗牙齿，牙齿向后弯曲，边缘呈锯齿状。而晚期的阿尔瓦雷斯龙类，如鸟面龙（*Shuvuuia*）、单爪龙（*Mononykus*）的牙齿则小且少。简手龙最特别的地方是它的前肢，每个前肢上都有 3 个手指，中间指最长，但内侧指最为粗壮。与晚期的阿尔瓦雷斯龙类相比，简手龙的手没有那么特化，还具有一定的抓握能力。晚期的单爪龙等阿尔瓦雷斯龙类，内侧指之外的两个指已经演化到非常小甚至逐渐消失了。简手龙还有长长的后腿，可能拥有快速奔跑的能力。它们的猎物可能是虫子、蜥蜴或一些小型哺乳动物。

　　2005 年，古生物学家徐星研究员在新疆昌吉的戈壁滩的野外考察项目已经接近尾声。这天，他的得力助手——丁文健和余涛，两个人结束了一天忙碌的工作，打算返回营地的时候，突然注意到在平地上隐隐约约有一条线。

　　光线对于寻找化石非常重要。一般来说，阳光明媚当然有利于寻找化石，因为光线充足就更容易看见地表暴露的化石。但在某些特殊情况下，斜斜的夕阳残照却能够暴露出一些平时注意不到的细节，这次的发现就属于这样的情形。多年积累的经验让丁文健和余涛意识到这条线有可能是化石刚刚露出地表的痕迹。他们立即趴在地上，开始了细致的寻找，很快发现了一些化石碎片。多数恐龙脊椎上的神经棘是一种薄片状结构，而丁文健和余涛看见的所谓"细线"，实际上就是一串连接在一起的脊椎刚刚露出地面、排列在一起的神经棘的顶部。这意味着这件化石应该是一具关联的骨架。这一发现让大家十分兴奋，接着更多的人加入了挖掘工作，很快，部分头骨也露出地表了。就这样，古生物学家找到了一个几乎完整的、关联保存的恐龙骨架。这具骨架就是后来研究发表的简手龙。

# 永川龙

**拉丁名:** *Yangchuanosaurus*    **拉丁名含义:** 永川的蜥蜴

**食性:** 肉食性    **体长:** 8 ~ 10.8 米

**发现地:** 重庆永川    **年代地层:** 上侏罗统上沙溪庙组

**命名者:** 董枝明 等    **命名时间:** 1978 年

## ◆ 特征

　　永川龙是一种大型的肉食性恐龙，属于兽脚类中的异特龙类。目前已发现的化石材料非常丰富，使我们能够很好地还原它的样貌和习性。

　　永川龙有一个约 1 米长、略呈三角形的大脑袋，侧面有 6 对开孔，其中 4 对最明显，分别是鼻孔、眶前孔、眼眶和下颞孔，它们在发挥各自功用的同时（例如附着肌肉，让咬合更强大），还可以有效地减轻头部的重量。其中大大的眼孔表明永川龙拥有较好的视力。下颞孔附着在用于撕咬和咀嚼的强大肌肉群上，再加上粗短的脖子，这些都使得永川龙拥有巨大的咬合力。

　　古生物学家埃米莉·雷菲尔德（Emily Rayfield）曾经研究对比过永川龙的亲戚——北美洲的异特龙（*Allosaurus*），其咬合力 805 ~ 2148 牛顿，低于短吻鳄（13000 牛顿）和狮子（4167 牛顿）。但是，它的头骨可以承受大约 55500 牛顿的

沿齿列垂直方向的应力。虽然异特龙头骨实际上产生的咬合力不大，但是很结实，可以承受很大的应力不变形。因此，异特龙面对小型猎物的时候，可以用大嘴直接咬，这用不到多大的咬合力，而在面对大型猎物的时候，咬合力不够可以用结实的结构来弥补，一直咬住不松口，猎物挣扎也难以对自己造成伤害。

古生物学家推测这样的结构允许异特龙采取不同的猎食模式来攻击不同的猎物：对于较小、较灵活的鸟脚类恐龙，可以直接攻击；对于较大型的剑龙类或蜥脚类恐龙，可以采取伏击的方式攻击，结实的头骨有足够的强度使它承受住被攻击猎物的大力挣扎。

永川龙的大嘴里长满了锋利的牙齿，牙齿扁扁的，并向后弯曲，就像一把把弯刀。其前上颌骨有 4 颗牙齿，上颌骨和下颌齿骨都有 14 ~ 15 颗牙齿，前后缘有锯齿状结构，每 5 毫米有 12 个锯齿。这些牙齿组合在一起，可以让永川龙轻而易举地撕碎猎物。

永川龙的前肢很灵活，指上长着又弯又尖的利爪，可以帮它牢牢地控制住猎物。它的后肢又长又粗壮，有 3 个功能趾，类似今天不会飞的鸟类，如像鸸鹋那样用三趾着地，长长的尾巴可以在它奔跑时帮助保持身体平衡。永川龙拥有强大的力量和飞快的速度，还有锋利的爪子和牙齿，可以说是当时当地最顶级的掠食者了。

## ◆ 发现故事

永川龙的模式种，上游永川龙（*Y. shangyouensis*）得名于一座水库，背后的发现故事很有意思。1976 年 6 月的一天，一场大暴雨突然袭来，时任重庆市永川区五间乡（现五间镇）上游水库指挥部副指挥长的吕祥志和水库建设指挥部职工连指导员陈诗能出门查看水库大坝的情况。当他们向坝下走去时，意外发现了一块白色的物体半悬着裸露于岩石外部。陈诗能快步跑上去，细看之下，只见白色物体凹凸不平，异常坚硬，像是什么动物的骨头。这个发现很快被上报到相关单位，后来经过古生物学家鉴定，认为暴露出来的物体是一只肉食性恐龙的头部化石，并且可以清晰地看到颌骨上保存完好的牙齿。这可是一个非常重大的发现！永川龙的发掘工作由此开始。由于整个化石基本处于地表层，化石周围的围岩又多为疏松的泥层岩，因此发掘工作进展十分顺利。20 天后，一具保存较为完整的恐龙化石便出现在众人面前，它就是上游永川龙。

## 新疆猎龙

**拉丁名:** *Xinjiangovenator*　　**拉丁名含义:** 新疆的猎手

**食性:** 肉食性　　**体长:** 约2米

**发现地:** 新疆乌尔禾　　**年代地层:** 下白垩统吐谷鲁群

**命名者:** 奥利弗·劳赫、徐星　　**命名时间:** 2005年

◆ 特征

　　新疆猎龙是一种小型肉食性恐龙,最初被归于兽脚类中的手盗龙类,2010年因为一项新的研究发现,古生物学家将其归入基干虚骨龙类。

　　1973年,古生物学家董枝明根据在新疆维吾尔自治区克拉玛依市乌尔禾区发现的一颗恐龙牙齿命名了艾里克敏捷龙(*Phaedrolosaurus ilikensis*),由于这颗牙齿的形态与在美国发现的恐爪龙(*Deinonychus*)的牙齿很像,因此被归入恐爪龙类中的驰龙类。同时归入敏捷龙的还有一件不完整但骨骼仍然互相关联的右后肢化石,包括胫骨、腓骨、跟骨和距骨。2005年,奥利弗·劳赫和徐星对这件标本进行了进一步研究,最终认为这些后肢骨本身具有独有的特征,比如胫骨的关节髁比较向后突出,腓骨上方的前侧有个特别的纵向凹沟等,将其与之前发现的牙齿化石放在同一属种并不合适,于是将其单独命名为小新疆猎龙(*X. parvus*)。

复原图

Chinese
Dinosaurs
中国恐龙

新疆猎龙

　　新疆猎龙的小腿，也就是胫骨长 31.2 厘米，由此推测其体长约 2 米。和其他虚骨龙类一样，新疆猎龙有着长长的尾巴和强壮有力的后肢，这是它快速奔跑的基础。因此新疆猎龙正如其名，曾是一名矫健的猎手。

# 吐谷鲁龙

**拉丁名:** *Tugulusaurus*　　**拉丁名含义:** 吐谷鲁的蜥蜴

**食性:** 肉食性　　**体长:** 约 1.6 米

**发现地:** 新疆乌尔禾　　**年代地层:** 下白垩统吐谷鲁群

**命名者:** 董枝明　　**命名时间:** 1973 年

## ◆ 特征

　　吐谷鲁龙是一种小型肉食性兽脚类恐龙，发现于新疆维吾尔自治区克拉玛依市的乌尔禾区。吐谷鲁龙的化石很少，它的正型标本也只有 4 枚尾椎、部分后肢骨和一些指爪等。其中股骨长 21 厘米，胫骨长 23 厘米，由此可以推测它的体长约 1.6 米。它的左前肢内侧指的第一掌骨较短，只有 2.6 厘米，但爪子比较发达，沿外缘有 7 厘米长，爪子可能是帮助它掠食的有力工具。总体上看，虽然个头不大，但吐谷鲁龙体态轻盈，绝对是个迅捷的猎手。因为跗距骨和趾骨的形态，最初吐谷鲁龙被研究者归入似鸟龙科。2005 年，曾有古生物学家提出它应该属于基干虚骨龙类。2018 年，古生物学家徐星研究员的一项研究最终将其归入阿尔瓦雷斯龙类。

# 建昌龙

**拉丁名:** *Jianchangosaurus*　**拉丁名含义:** 建昌的蜥蜴

**食性:** 杂食性　**体长:** 约2米（未成年）

**发现地:** 辽宁建昌　**年代地层:** 下白垩统义县组

**命名者:** 蒲含勇 等　**命名时间:** 2013年

## ◆ 特征

　　2009年，河南省地质博物馆从辽宁省征集到一件奇特的恐龙化石，随后由中国地质科学院地质研究所吕君昌研究员等古生物学家对其进行进一步研究，最终将其命名为建昌龙。

　　建昌龙是一种体形较小的杂食性恐龙，属于兽脚类中的镰刀龙类。发现的化石是一具近乎完整的幼年个体骨架，只缺失了尾巴的末端部分，其骨骼之间相互关联，保留了死亡时的姿态。

　　建昌龙的骨骼特征显示，其可能比同一层位，也就是义县组发现的北票龙更原始。目前世界上最原始的镰刀龙类是产自美国的铸镰龙（*Falcarius*）。建昌龙要比铸镰龙进步，而比北票龙原始，是目前已知亚洲最原始的镰刀龙类恐龙。

建昌龙的前上颌骨没有牙齿，而形成了一个像鸟一样的角质喙。上颌有 27 颗牙齿，下颌齿骨有 25～28 颗牙齿。这些牙齿非常小，紧紧地排列在一起，这样的齿列显示它们以植物为食，类似鸟脚类和角龙类。这些成排的小牙齿是高效的切割器，它们可能更喜欢较为柔软的植物，比如蕨类植物，这说明在早期的镰刀龙类中已经出现植食的生活习性。

建昌龙的前肢粗壮，3 个指末端长有较发达的爪子，是它们主要的防御武器。与前肢相比，后肢更长、更有力，脚上还长有 3 个功能趾，而不是后来镰刀龙类的 4 个脚趾。建昌龙只保存了前面 11 枚尾椎，但可能有相对较长的尾巴，以便在运动中保持平衡。建昌龙保持了一项纪录——胫骨竟然长达 31.6 厘米，比股骨长 1.5 倍，这是已知恐龙中长短比例最悬殊的。这种适应性特征与它们的行走习性有着密切联系，因此可以推测建昌龙是一种奔跑速度较快、反应机敏的恐龙。

除了保存良好的骨骼化石外，古生物学家还在建昌龙的背椎上发现了部分皮肤衍生物的印痕，这些印痕呈黑色，形态和北票龙脖子及尾巴上那种长宽的坚韧丝状羽毛相似，可能也是展示用途。

建昌龙的发现表明，镰刀龙类的演化是从头骨开始，逐渐过渡到头后骨骼的。也就是说，演化早期，头骨（牙齿及颌部构造）为了适应植食习性开始发生变化；演化晚期，身体为了容纳大量的食物变得更庞大。

## 宁远龙

拉丁名: *Ningyuansaurus*　　拉丁名含义: 宁远的蜥蜴

食性: 杂食性　　体长: 约90厘米

发现地: 辽宁建昌　　年代地层: 下白垩统义县组

命名者: 季强 等　　命名时间: 2012年

### ◆ 特征

　　宁远龙是一种小型杂食性恐龙，属于兽脚类中的窃蛋龙类。它体形小巧，三角形的脑袋也小小的，却有一双大大的眼睛，头骨和下颌的前端要比其他窃蛋龙类长得多。与晚期窃蛋龙类相比，宁远龙有着数量较多的牙齿，这也是原始窃蛋龙类的一个特征。它的下颌齿骨有14颗牙齿，上颌有10颗牙齿，上颌的牙齿包括前上颌骨4颗和上颌骨的6颗。它有着一双长腿和一条长尾巴，尾巴末端有羽毛的印痕。宁远龙的胃部发现了不少直径为10毫米的椭圆形种子，说明宁远龙的食谱包含了植物的种子。

　　古时候，辽宁省兴城市又称宁远，宁远龙便由此得名。宁远龙只有一个种，名为王氏宁远龙（*N. wangi*），种名中的"王氏"是向化石的捐献者王秋武致敬。

## 中华龙鸟

**拉丁名:** *Sinosauropteryx*　　**拉丁名含义:** 中国的蜥蜴翅膀

**食性:** 肉食性　　**体长:** 0.68 ~ 1.07 米

**发现地:** 辽宁北票　　**年代地层:** 下白垩统义县组

**命名者:** 季强、姬书安　　**命名时间:** 1996 年

### ◆ 特征

　　中华龙鸟是世界上发现的第一具带毛恐龙化石。它的发现引发了鸟与恐龙亲缘关系的大争论，这是现代古脊椎动物学的一次重大事件。

　　中华龙鸟体态十分轻巧灵活，脑袋小小的，呈三角形。牙齿很发达，侧扁呈刀状，后边缘有锯齿形的结构。它的尾巴特别长，长度占身体的一半以上，尾椎数量超过 50 枚，有的标本甚至可以达到 64 枚。中华龙鸟是名副其实的大长腿，前肢相对较短，是后肢长度的 1/3。中华龙鸟的头、手臂、颈部、背部，以及尾巴的上下侧，身体的两侧都覆盖着毛毛。这些毛毛为细或粗的单根丝状皮肤结构。在显微镜下，这些丝状毛的边缘较黑，内部较亮，这表明其内部是中空的。中华龙鸟眼睛前方的毛最短，只有 1.3 厘米，前肢最长的毛约 1.4 厘米，肩膀附近的毛长 3.5 厘米，臀部到尾巴的毛较长，可达 4 厘米。

Chinese
Dinosaurs
中国恐龙

中华龙鸟

在中华龙鸟化石的胃部曾发现一只大凌河蜥的脑袋，这很可能是中华龙鸟的最后一餐，这表明中华龙鸟可能会捕杀那些行动迅速的小型动物。还在其他中华龙鸟标本的胃部区域发现了三个哺乳类的颌部，包括张和兽（*Zhangheotherium*）和中国俊兽（*Sinobaatar*）。其中张和兽被认为可能和鸭嘴兽一样，后脚跟处带有毒刺，这显示中华龙鸟的食谱包括身上有毒液腺的哺乳动物。

中华龙鸟的毛状衍生物还为我们提供了它的体色信息。科学家通过显微镜在化石上发现了一些被称为黑素体的微小结构，由此可以推断它生前的颜色。以此为依据，2010 年，中国古生物学家首次复原出中华龙鸟的体色——全身以栗色或红棕色为主，尾巴带有环纹。

1996 年，辽宁省的一位农民先后向中国地质博物馆和中国科学院南京地质古生物研究所的古生物学家卖出了一块化石的正负模（常见于页岩中的化石，页岩从中间劈开之后，两侧都留存有化石，其中一面保存骨骼较多，另一面较少，分称为正模和负模，但有时候两面留存的化石与印迹量相近）。化石上保存的是一只奇怪的小动物，嘴里有锐利的牙齿，后肢长而粗壮，尾椎也特别长。最引人注目的是，这只小恐龙身上竟然披覆着毛一样的皮肤衍生物。由于这种原始的毛，最初，中国地质博物馆的古生物学家认为这是一种鸟类，介于恐龙和鸟类（孔子鸟，已知最古老的鸟类之一）之间，还给它取了个"龙鸟"的名字。但进一步的研究发现，它应该是一种恐龙，属于兽脚类中的美颌龙类。

这种长毛的恐龙让古生物学家们非常震惊，特别是提出恐龙演化成鸟类的古生物学家——约翰·奥斯特伦姆（John Ostrom），这一发现令他非常激动。因为自从 19 世纪中期人们发现始祖鸟之后，就再也没有找到什么像样的带羽毛的恐龙化石了。

不过，尽管中华龙鸟拥有类似羽毛的结构，但它与晚侏罗世的始祖鸟并没有亲缘关系。中华龙鸟最大的科学意义在于它让人们意识到，许多兽脚类恐龙都长有羽毛，羽毛已不再是鸟类的专利了。

# 中华丽羽龙

**拉丁名:** *Sinocalliopteryx*　　**拉丁名含义:** 中国的美丽的翼

**食性:** 肉食性　　**体长:** 约 2.37 米

**发现地:** 辽宁北票　　**年代地层:** 下白垩统义县组

**命名者:** 姬书安 等　　**命名时间:** 2007 年

## ◆ 特征

　　不知大家是否记得《侏罗纪公园》第二部的片头，一个小女孩被一群美颌龙围堵，画面十分震撼。其实大多数的美颌龙类都很小，差不多 1 米，身体修长，行动机敏。中华龙鸟就属于美颌龙类，不同的是，这些来自中国的小家伙全身都覆盖着浓密的毛。

　　有意思的是，2007 年，古生物学家发现了一种美颌龙类中的超大型成员——中华丽羽龙，它成为已知最大的美颌龙科成员。如果把它和"正常大小"的美颌龙放在一起，就好比一个身高 2 米以上的巨人走在一群小学生中间。

　　中华丽羽龙与中华龙鸟非常相似，都保存着原始的毛发状覆盖物，其最长的羽毛可达 10 厘米。这些长羽毛位于臀部、尾巴基部，以及大腿后侧。有趣的是，在中华丽羽龙的跗骨部位也发现了羽毛，但与小盗龙、足羽龙的足部羽毛相比，中华丽羽龙的足部羽毛并没有那么长，也没有那么进步。这个发现表明足部羽毛的演化，是从更为原始的恐龙开始的。

2007年命名的中华丽羽龙除了其化石保存得极其完美，具有完整的头骨与身体骨骼、清晰的羽毛印痕之外，还给了科学家意外的惊喜——这件标本竟然保存了它生前的最后一餐！恐龙的胃容物是一种极其罕见又极其重要的化石，它们能准确无误地揭露恐龙的捕食关系，是可遇而不可求的发现。

邢立达等古生物学家曾经对这顿大餐做了细致的研究。中华丽羽龙正型标本的腹部区域有一个驰龙类恐龙的腿部，这显然意味着中华丽羽龙吞食了这只驰龙的腿部，而后又由于某些原因而毙命，它胃中的最后一餐便成为化石，保存至今。这个腿部包括一个完整的小腿、足部、趾爪，并处于关节未脱落状态。相对于中华丽羽龙的腹部而言，这个腿部相当大，几乎占满整个腹部区域，位于肋骨之下。

从骨骼形态学上分析，这件胃容物可以归入中国鸟龙。中国鸟龙是一种行动敏捷的肉食性恐龙，属于驰龙类，拥有镰刀状的、被称为"杀手爪"的第二趾爪。

令古生物学家惊讶不已的是，在中华丽羽龙第二件标本上，其胃部竟然又发现了胃容物化石！这只中华丽羽龙标本的胃容物较为凌乱，但可以分辨出至少有两只孔子鸟，以及类似鸟臀类的骨骼。孔子鸟的体型和乌鸦差不多，是热河生物群常见的古鸟类，也是目前已知的最早拥有无齿角质喙部的鸟类。目前已经发现了数千件标本。奇怪的是，这些中华丽羽龙腹中的孔子鸟并不完整，都缺失了头骨、肋骨、椎体等。目前古生物学家尚不清楚，这种现象是中华丽羽龙有选择性的吞食，还是这些骨骼已经被消化掉了。两个消化程度接近的孔子鸟暗示了它们是一前一后被吃掉的。这表明中华丽羽龙的代谢率很高，才能快速消化这么多的食物。

现在还不能确定这些猎物是死后被中华丽羽龙吃掉的，还是被活体捕猎的。如果是后者，那么中华丽羽龙又是如何捕杀飞鸟的呢？与热河生物群大量的会飞行的

复原图

Chinese
Dinosaurs
中国恐龙

中华丽羽龙

兽脚类恐龙不同，中华丽羽龙虽然身披羽毛，却不能飞行，其身体构造也不适合树栖。而孔子鸟那长而弯曲的脚爪，发达的翅膀都表明这种鸟儿已经明显适应树栖生活。因此有古生物学家推断，中华丽羽龙可能类似现生的某些猫科动物，比如非洲的黑足猫、薮猫，它们的弹跳力强，经常扑袭在地面觅食的鸟，鸟儿就算飞起来了也很容易被它跃起捉住。这种行为的关键在于，如何悄无声息地接近猎物。它们可能行走在茂密的植被中，如同一抹幽灵，在鸟儿进入可攻击范围后，看准时机，如闪电般出击！此外孔子鸟等古鸟类的飞行能力可能还不如现生鸟类这般发达，这也是中华丽羽龙能够得手的另一个关键原因。

　　中华丽羽龙化石上的羽毛印痕十分清晰，因此并没有让古生物学家纠结的"毛"的问题，但是美颌龙类"毛"的问题曾给古生物学家造成了一定的困扰。早期发现于德国的美颌龙下腹部就只保存了皮肤印痕，并没有羽毛或像羽毛的东西被保存下来。相反，在同一地层的始祖鸟却有羽毛。所以起初很多古生物学家都认为美颌龙是没有羽毛的。1995年，全身有单丝状皮肤结构的毛茸茸的中华龙鸟被发现之后，由于中华龙鸟和美颌龙的骨骼结构极为相似，因此古生物学家再次倾向于让美颌龙，甚至所有的美颌龙类都披上羽毛。然而，2006年命名的属于美颌龙类的侏罗猎龙又给了古生物学家一记重拳。侏罗猎龙的第8~第22枚尾椎、小腿等部位，发现了鳞片，并没有任何羽毛的痕迹！

　　侏罗猎龙的新发现让"毛茸茸恐龙党"的古生物学家们有一点点小尴尬，但很快，他们又有了新的发现。2006年，古生物学家徐星研究员认为，羽毛的早期演化非常复杂、多样化，超过人们目前对现代鸟类羽毛的认知。根据羽毛形态在演化树的分布、发展情况，原始羽毛应出现在虚骨龙类的演化早期，且为构造简单的纤维状结构。按照演化位置，他推测侏罗猎龙可能具有原始羽毛，仅覆盖身体的小部分，其他部分则覆盖着鳞片。也就是说，羽毛曾多次独自演化出现，而后某些演化支又重新演化出鳞片。这个假说是可验证的，在2010年的一次更深入的研究中，古生物学家通过紫外线照射对侏罗猎龙进行检验，发现丝状结构的范围其实更广泛，这种丝状结构就是类似其他美颌龙科的原始羽毛。

　　遥想在早白垩世，辽西地区湖泊与火山交错分布。中华丽羽龙终日游荡在森林灌木丛中，仗着自己本地大型掠食者的身份，看上什么便吃什么，包括各种古鸟、其他小型恐龙及各种翼龙，每日徜徉于自己的领地内不亦乐乎，真是令人羡慕的好生活呀。

## 帝龙

**拉丁名:** *Dilong*　　　　**拉丁名含义:** 帝的龙

**食性:** 肉食性　　　　**体长:** 1.5 ~ 2 米

**发现地:** 辽宁北票　　　　**年代地层:** 下白垩统义县组

**命名者:** 徐星 等　　　　**命名时间:** 2004 年

◆ 特征

　　帝龙是一种小型肉食性恐龙,属于兽脚类中的暴龙类。其正型标本保存得非常好,是一个几乎完整的头骨和部分关节仍相互关联的头后骨骼。虽然是暴龙家族的一员,名字也十分霸气,但是帝龙的体形并不大,其正型标本的体长约 1.5 米,被认为是个未成年个体,而成年个体的身长可能可达到 2 米。

　　帝龙是暴龙类中较为原始的种类之一,也可以说是凶猛巨大的暴龙的祖先。但帝龙并没有像暴龙一样的小短手,它的前肢在掠食中可以发挥一定的作用。有趣的是,帝龙的化石在尾椎附近保存了细小的原始的毛状结构,这与大家既定印象中暴龙那光溜溜的、布满鳞片的身体不太一样。尾椎上的毛长约 2 厘米,并且向 30 ~ 45 度的方向展开,但是这些毛和鸟类的毛不一样,并没有羽轴,所以只是用来保暖的。有古生物学家猜测,暴龙类不同部位的皮肤可能分别覆盖着鳞片或毛,这些毛在幼年期可以用来保暖,成年的时候可能会褪去。

## ◆ 特征

　　羽王龙又称羽暴龙,是目前已知最大的带羽毛恐龙之一,其身长是之前发现的体型最大的北票龙的近5倍,这颠覆了以往古生物学界认为羽毛只出现在小型恐龙身上的认知。以往,古生物学家普遍认为,巨型恐龙为了更有效地散热,其体表都是由鳞片或短小的体毛所覆盖,羽毛只出现在小型恐龙身上。羽王龙的出现改变了这种刻板印象,彻底推翻了过去一贯认为的大型恐龙不能长羽毛的观点。

　　羽王龙是一种大型肉食性恐龙,属于兽脚类中的暴龙类,体格壮实,身长在9米左右,体重约为1.4吨。它们有着硕大的脑袋,目前发现的最大的一个有90.5厘米长,上下颌有力,牙齿锋利密集。羽王龙的头上有一个小小的、独特的脊冠,可能具有视觉辨识功能。

　　羽王龙全身长有羽毛,看起来就像一个巨大无比的毛茸茸的抱枕,这些羽毛最

复原图

Chinese
Dinosaurs
中国恐龙

羽王龙

长约 20 厘米，呈丝状，但由于化石保存程度不高，古生物学家们很难进一步确认这些丝状羽毛的更多具体细节。羽王龙当时生存的环境气候较冷，因此古生物学家们推测这些羽毛主要起保暖作用，这一身的覆盖物，像极了一款加厚羽绒服。不过，这并不意味着暴龙类的晚期成员都有羽毛，因为在上白垩统的暴龙类身上已经发现了鳞片的印痕，并且其位置和羽王龙羽毛的位置相同。或许在暴龙家族的演化史中，它们最初的"羽绒衣"会随着年龄的增加、气温的变化或其他因素而发生改变。

## ◆ 发现故事

　　2009 年 10 月，山东诸城恐龙博物馆征集到两只大型恐龙的骨骼化石。有趣的是，它们居然被一圈毛包裹着。2010 年初，内蒙古二连浩特博物馆也得到了一只幼年的毛茸茸恐龙的骨骼化石。这三只恐龙化石均发掘于辽宁省北票市巴图营乡，古生物学家徐星研究员观察了这些标本之后，意识到这批标本与暴龙类有密切的关系，于是安排清修技师开始精细地清修化石。直至 2012 年，徐星对这批化石进行了命名——羽王龙，这是继中国暴龙之后，热河生物群发现的又一大型暴龙类恐龙。读者们若想一睹羽王龙的真容，可以前往以上提到的两家博物馆进行参观。

# 神州龙

| | |
|---|---|
| **拉丁名:** *Shenzhousaurus* | **拉丁名含义:** 神州的蜥蜴 |
| **食性:** 杂食性 | **体长:** 约 1.6 米 |
| **发现地:** 辽宁北票 | **年代地层:** 下白垩统义县组 |
| **命名者:** 季强 等 | **命名时间:** 2003 年 |

## ◆ 特征

　　神州龙是一种小型杂食性恐龙，属于兽脚类中的似鸟龙类，看起来就像一只不会飞的大鸟。其模式种是东方神州龙（*S. orientalis*），意思是来自东方的、神州（大地）的蜥蜴。神州龙的化石保存在砂岩上，被压得扁扁的，其化石包括头骨与部分身体骨骼，头骨紧紧贴在背上，整体呈现出一种标准的死亡姿势。后肢的末端部分、尾巴的末端部分、部分前肢和胸带缺失。头部左侧倾斜被压，长度 18.5 厘米。目前神州龙就静静地躺在中国地质博物馆的展柜中，有兴趣的读者可以前去参观。

　　有趣的是，在神州龙的腹腔前部发现了许多小卵石。这些小石头可能是它的胃石，帮助消化食物。胃石在现生脊椎动物中其实非常常见，比如部分鸟类、海豹、鳄类等等。我们最熟悉的家禽——鸡，因为没有牙齿，所以会吞下小石头，小石头藏在砂囊（肌胃，鸡胗）中，这是一种肌肉发达的特殊胃，与前部的腺胃（分泌大

Chinese
Dinosaurs
中国恐龙

神州龙

量的消化液）相连，主要是用来帮助研磨。鸡吞下的石子很小，但大型的鸟类，比如鸵鸟吞下的石头，其长度可能超过 10 厘米。除了鸟类，一些两栖动物，甚至一些幼体，比如蝌蚪也会故意吞下小石头，这些小石头可能会参与动物的浮力控制。这种现象在海狮、海豹和鳄类身上也会出现，但具体作用还有争议。一些已经绝灭的海生爬行动物，比如蛇颈龙类也有胃石。同样，它们是不是充当"压舱物"，参与动物的浮力控制，还是起其他作用，也一直存在争议。不过，有一点要注意，不是所有骨骼化石附近的圆石头都是胃石，胃石要满足三个条件：第一是发现于动物的肚子区域或附近，第二是必须得到一定程度的磨圆，第三是聚集成小堆。

# 鹤形龙

拉丁名: *Hexing*

拉丁名含义: 鹤的形态

食性: 肉食性

体长: 约 1.6 米

发现地: 辽宁北票

年代地层: 下白垩统义县组

命名者: 金利勇 等

命名时间: 2012 年

## ◆ 特征

　　鹤形龙是小型肉食性恐龙，属于兽脚类中的似鸟龙类中的原始类型。鹤形龙的化石并不完整，仅保存了头骨、下颌、5 枚连续颈椎、肩带、大部分前肢与后肢骨头。从骨骼的愈合程度来看，这只鹤形龙可能还没完全成年。在似鸟龙类的恐龙中，除了它们的幼年个体，鹤形龙可能是目前体形最小的。我们可以将鹤形龙与它的邻居，同样属于似鸟龙类的神州龙对比一下，神州龙股骨的长度为 19.1 厘米，而鹤形龙的股骨还要更短，仅有 13.5 厘米。

　　鹤形龙的头长 13.6 厘米，呈三角形，喙状嘴中没有牙齿，有着较长的脖子，但是手臂较短，手掌的指爪细长且呈弯曲状，它小腿上的胫跗骨（胫骨和跗骨愈合在一起）长度相当于大腿股骨的 1.37 倍，整体细长，表明了它具备快速奔跑的潜力。鹤形龙轻盈灵动的身形加上细长的腿部和飘逸的尾巴，如同一只散发着仙气的鹤，因此得名。

复原图

Chinese
Dinosaurs
中国恐龙

鹤形龙

### ◆ 发现故事

鹤形龙化石是 21 世纪初被辽宁省朝阳市北票市上园镇小北沟的一个农民发现的，他在农闲时偶然发现了这具恐龙化石。很遗憾，化石后来流落到化石商人手中，他为了将这具化石卖出好价钱，对其进行了人为"修补"，擅自添加并改动了部分骨骼。后来吉林大学地质博物馆征集到了这具化石，发现原始化石已被胡乱改动，为专业的清修工作增加了很多难度，技术人员历经辛苦去掉了被改动的部分，最终成功对化石进行了还原，并把它展示在世人面前。

# 北票龙

| | |
|---|---|
| **拉丁名:** *Beipiaosaurus* | **拉丁名含义:** 北票的蜥蜴 |
| **食性:** 植食性或杂食性 | **体长:** 约 2.2 米 |
| **发现地:** 辽宁北票 | **年代地层:** 下白垩统义县组 |
| **命名者:** 徐星 等 | **命名时间:** 1999 年 |

## ◆ 特征

　　北票龙属于兽脚类中的镰刀龙类，身长 2 米出头，和一匹马差不多大小。北票龙和大部分肉食恐龙一样双足行走，但是手却有点大得不成比例，原因是北票龙手上有着非常大的、弯弯的爪子，像镰刀一样。北票龙的嘴巴细细长长的，嘴里牙齿的形状像叶子一样，边缘有一些小锯齿。有趣的是，和后期进步镰刀龙类的长颈小头不太一样，北票龙的颈椎虽然保存得不多，但留存的部分并没有特别长。此外，北票龙的头身比例在镰刀龙类中也算比较大的，这些都是北票龙身上的原始特征。

　　北票龙长着肉食恐龙的爪子和植食性恐龙的脑袋、牙齿，有点像一个恐龙中的"四不像"，那么，它到底吃什么呢？古生物学家经过研究认为，这个长长的爪子并不是用来打猎的，而是用来抓取树枝，让自己可以吃到树叶或果实，或是用来防御其他可怕的肉食恐龙。因此，别被它又尖又大的爪子吓到了，因为与此相配的牙齿是用来咀嚼叶片的。有的古生物学家曾推测北票龙等镰刀龙类可以像大食蚁兽那

Chinese
Dinosaurs
中国恐龙

北票龙

样，用大爪子挖开蚂蚁的窝。但通过分析它们爪子的形态，学者发现，北票龙的爪子并不适合挖东西，某些镰刀龙类如阿拉善龙、二连龙的爪子可能有这个功能。

我们知道中华龙鸟是世界上发现的第一种带毛的恐龙。不过，在北票龙的化石出现之前，大家还是不愿意接受恐龙长毛这个事实。甚至有古生物学家认为，中华龙鸟皮肤表面的那些丝状物，只不过是腐烂的肌肉纤维而已。然而北票龙的出现，一方面彻底证明了中华龙鸟身上的丝状物确实是羽毛；另外一方面，也让大家知道，恐龙身上长羽毛，其实应该是很普遍的现象。

最初，古生物学家认为北票龙身体覆盖丝状羽毛，这些毛主要分布于四肢附近，手臂上的丝状羽毛是最清晰的，长约 5 厘米；尾巴上还覆盖着 4~7 厘米长、

1.5 毫米宽的羽毛。2009 年，徐星等古生物学家在新的北票龙化石上又观察到了另一种形态的原始羽毛，是一种类似毛发的单根的细丝状结构。这件北票龙标本的头部、颈部和躯干部分都有这种非常僵硬、细长带状的原始羽毛。这种单根细丝状结构不同于更高级阶段的由多根细丝组成的复合结构，这种结构代表最原始羽毛的一种变异形态。这些单根丝状毛很长，长度可达 10 ~ 15 厘米，宽约 3 毫米。

这种原始羽毛的形态和在北票龙身体上的分布位置，表明这种羽毛与飞行没关系，而这种羽毛又非常长且坚韧，并不像柔软的绒毛状羽毛有保暖的功用。古生物学家推测它可能起到展示的作用，用于吸引异性或者种群间的交流。也就是说，羽毛的展示功能可能出现在飞行功能之前，是羽毛最原始的衍生功能之一。

古生物学家还检验了北票龙颈部羽毛印痕的颜色，并推断出其颜色与现代爬行动物的颜色相似，体表大部分是暗褐色的。

## ◆ 发现故事

北票龙的发现过程充满了戏剧性。

1995 年，中华龙鸟的发现轰动了世界恐龙科研圈。古脊椎所也组织了一批科考队员前往辽西，去寻找新的恐龙化石，这批考察队也就是后来的"辽西队"。古生物学家徐星研究员，是辽西队的干将之一，出发前，他跟队友们开玩笑说："天气这么冷啊，带羽毛的恐龙肯定都躲起来了。如果我们能够找到一只，那也是受伤的，缺胳膊少腿，跑不动的家伙。"

不过，随着时间的推移，野外的情况实在不容乐观，天气一天比一天冷了，而且什么东西都没挖到。最后实在抗不住北方的凛冽，辽西队不得已决定先撤回北京，等来年开春了再回来继续挖。临走之前，他们非常礼貌地向村里的乡亲们道别。

他们拜访了好几户人家，最后来到了老李家。老李是当地化石管理处的工作人员，给考察队提供了很多帮助，和辽西队的古生物学家们也都很熟。他们坐在炕上聊了一会，聊着聊着，老李就说起他家院子里还有一堆他捡回来的碎石板，应该是别的老乡挖化石的时候觉得太碎丢弃的。

来都来了，徐星并不想让化石在自己眼皮底下漏掉，就跟着老李跑到院子里瞧一瞧。那些化石真的是太碎了，碎得乱七八糟的，大大小小有几百片吧。不过没过多久，徐星就在碎石堆里找到了一个弯曲的大爪子和一个粗壮的股骨。当时他十分激动，说不定眼前的这两块化石代表了一种新的肉食性恐龙呢，因为它的个体显然比当时已知的另外一种肉食性恐龙"中华龙鸟"要大得多。真是踏破铁鞋无觅处，得来全不费工夫，一堆碎石板成了这次挖掘考察最重要的收获。

随着后续化石清修的进行，徐星发现，这是一只从来没见过的新物种。在剥离掉表层覆盖着的围岩之后，一种很奇怪的结构出现在他眼前——恐龙的羽毛！北票龙的秘密终于隐藏不住了，就这样赤裸裸地展示在大家面前。这只恐龙的发现过程很曲折，徐星将其命名为北票龙，能发现它，的确还是挺意外的，你说是吧？

# 尾羽龙

拉丁名：*Caudipteryx*　　拉丁名含义：尾的翼

食性：杂食性　　体长：78 ～ 80 厘米

发现地：辽宁北票　　年代地层：下白垩统义县组

命名者：季强 等　　命名时间：1998 年

◆ **特征**

　　虽然现在我们可以十分笃定地说"恐龙是有羽毛的"，但在 1998 年，情况可不是这样。那时人们还在争论，中华龙鸟身上的皮肤衍生物到底是"毛"还是肌肉分解的纤维等其他物质。也就是在这一年，中国的古生物学家又有了新发现，这就是尾羽龙和原始祖鸟（*Protarchaeopteryx*）。这两种动物的前肢都比较长，身体上有确凿的羽毛印痕。而且它们与中华龙鸟、孔子鸟一样，都来自同一地区、同一地层，都产于北票四合屯地区的下白垩统义县组下部。

　　尾羽龙和原始祖鸟的登场使古生物学家深感震撼，因为这是人们第一次看到带进步羽毛的恐龙。这些羽毛竟然有羽轴和羽枝，也就是说，进步的羽毛不再是"鸟纲"特有的标志了！鸟类与恐龙之间的界线变得更加模糊了。不过，尽管它们已经具备了真正的羽毛，但羽毛的羽片却保持对称的结构，显然不具备飞行能力。

尾羽龙的骨骼化石展示了典型的小型兽脚类恐龙死亡时的姿态——头和颈部向背部弯曲，腿在身体一侧紧紧地并拢在一起，肌肉组织干缩使恐龙死后头和颈向后弯形成 V 形，这一姿态在所有小型兽脚类恐龙中，特别是手盗龙类中非常常见。

尾羽龙全身毛茸茸的，头短而高，嘴里牙齿退化，仅存在于前上颌骨。它有一个较长的脖子，短而粗壮的身躯，胸肋上发育有像鸟一样的钩状突。在腹腔中发现有胃石，这些小胃石多达数百颗，主要用于磨碎食物帮助消化。它的前肢较短，大概是后肢的 1/3，手指上着生有羽片对称的羽毛，长 15～20 厘米，这些羽毛沿着中间指排列，形成类似翅膀的扇形，前臂上没有次级飞羽。尾羽龙的后腿长，脚趾短，趾爪弯曲不大，是地栖性的特征。尾巴较短但没有愈合的痕迹，末端上长着一簇羽毛，羽毛呈扇形，羽毛上的羽片对称。古生物学家推测尾羽龙尾扇的主要用途是炫耀，比如在繁殖季节展示自己美丽的尾部羽毛来示爱。

在分类上，最初认为尾羽龙是一种失去了飞行能力的鸟类，目前则将其归入窃蛋龙类，是窃蛋龙类中原始的分支。尾羽龙化石中胃石的发现也再次表明窃蛋龙类的杂食性。

## ◆ 趣事笔记

尾羽龙共有两个种，第一个是邹氏尾羽龙（*C. zoui*），得名于其短尾末端上长的一簇羽毛，以特征形象作属名。种名中的"邹氏"，是向时任国务院副总理邹家华致敬，感谢他对辽西古鸟类化石研究的支持。

另一个种是 2000 年古生物学家周忠和、汪筱林在辽宁省北票市上园镇张家沟发现的董氏尾羽龙（*C. dongi*）。种名中的"董氏"是向恐龙专家董枝明致敬。目前至少有 5 只尾羽龙在张家沟产出，尾羽龙化石如此集中的出现，表示它们可能是一种群居的动物。

# 纤细盗龙

**拉丁名:** *Graciliraptor*    **拉丁名含义:** 纤细的盗贼

**食性:** 肉食性    **体长:** 约 0.9 米

**发现地:** 辽宁北票    **年代地层:** 下白垩统义县组

**命名者:** 徐星、汪筱林    **命名时间:** 2004 年

## ◆ 特征

　　纤细盗龙是一种小型肉食性兽脚类恐龙，属于驰龙类中的小盗龙类。正型标本包含了部分上颌、几乎完整的四肢、部分脊椎，以及一些牙齿。

　　纤细盗龙身长还不到 1 米，体态轻盈，有着小巧玲珑的脑袋，修长的双腿搭配一条细长的尾巴，如此纤细的身段宛如一位优雅的身着燕尾服的小王子。纤细盗龙的牙齿细小，排列紧密也不失尖锐，这说明它们其实是凶猛的猎食者，生活在湿润的林地和湖畔，以小型哺乳动物或其他小型脊椎动物为食，与此同时它们也需要躲避大型肉食性恐龙的追杀猎食。

　　古生物学家在化石上观察到纤细盗龙尾椎上的前关节突和脉弧特别长，上颌齿后缘锯齿明显大于前缘锯齿，第三指的第二指节明显缩短等骨骼特征，由此将其归入驰龙类。但纤细盗龙也有自己独特的特征，比如中部尾椎骨有一个向后的板状结

构，连接下一枚尾椎约 1/8 处，等等。总的来说，和驰龙类一样，纤细盗龙的尾巴虽然细长，但相当坚挺，再加上上面覆盖着羽毛，这些都是它们奔跑甚至飞行时保持平衡的好帮手。

# 中国鸟龙

**拉丁名:** *Sinornithosaurus*　　**拉丁名含义:** 中国的鸟蜥蜴

**食性:** 肉食性　　**体长:** 0.7～1.5 米

**发现地:** 辽宁北票　　**年代地层:** 下白垩统义县组

**命名者:** 徐星 等　　**命名时间:** 1999 年

## ◆ 特征

　　中国鸟龙是小型的肉食性恐龙,它最初被归入兽脚类中的驰龙类,而现在则被进一步细分,归入驰龙类的小盗龙类中。中国鸟龙的化石发现较多,这让古生物学家对它可以有比较详细的了解。

　　中国鸟龙的体型与火鸡差不多大,身上覆盖着羽毛,有很多与现代鸟类一样的特征。它的头长 14 厘米,吻部收窄,脑部膨大,外鼻孔、眶前孔和眼眶都很大,头骨从侧面看呈三角形,它的眼眶中还保存了巩膜环(脊椎动物眼睛四周的一圈骨质结构,是由单一或多块骨骼组成的,主要作用是保护眼部)。中国鸟龙的口中长有匕首状的小牙齿,后缘带有锯齿,便于更好地切割肉类。它的脖子细长,由 10 枚颈椎组成。说起来,它那紧接着脖子的肩带大有文章,中国鸟龙是最早发现的拥有类似现代鸟类肩带的恐龙之一,它的肩带形态结构与始祖鸟十分相似。前肢上的上臂骨(肱骨)和前臂骨(桡骨与尺骨)差不多一样长,手掌和手指加起来要超过整个前肢的 1/3。与大部分兽脚类恐龙一样，中国鸟龙前肢上也是 3 个指，其中间指最长，内侧指最短，甚至只有中间指的一半。但这个长长的前肢不像多数兽脚类恐龙一样用来向前或向下抓取猎物，而是像鸟类拍打翅膀那样向两侧及向上伸展，这被认为是一种典型的为飞行准备的结构。中国鸟龙还有着较长的腿部，脚上拥有镰刀状的第二趾爪——"杀手爪"。它那由大约 24 枚尾椎构成的长尾巴非常坚挺，这得益于尾巴上明显骨化的筋腱。这样的长尾巴有助于身体保持平衡，并可以帮助控制方向。

在中国鸟龙的化石上，可以清晰地看见羽毛的痕迹，这些羽毛痕迹环绕着它的身体与前肢，长 3 ~ 4.5 厘米，羽毛的样式一共分为两种。第一种是丝状羽毛，有点像现代鸟类的绒羽；第二种则分布于前肢周围，这些丝状结构沿着羽轴形成一个具有开放羽片的羽毛，开放的羽片是因为还没有发育出羽小钩。这两种羽毛都没有气动性，也就是说并不能用于飞行，其功能更多是用来保温和在同类中炫耀或展示。带羽毛的中国鸟龙的发现，进一步证明了羽毛这种构造在非鸟兽脚类恐龙中的广泛存在。

中国鸟龙有一件昵称为"大卫"（Dave）的化石标本，它的羽毛覆盖了头部、颈部、前肢、大腿和尾巴。不过，古生物学家在为大卫分类的时候却遇到了难题，虽然它的骨骼完整，但所有的骨骼都被压碎了，只能通过骨骼的轮廓和比例来为它分类。最后判断其为幼年中国鸟龙，目前标本存放在中国地质博物馆。

## ◆ 发现故事

1998 年夏季，古脊椎所辽西野外科考队在当地遇到了连绵不断的阴雨天气，糟糕的天气使得野外发掘工作不得不一再延长，然而坚持终归会带来好运气。6 月 24 日清晨，科考队在四合屯的北梁发掘时，在断面上发现了一些化石的残片。经

过仔细清理，虽然还是没能显现出化石的整体轮廓，但已经能清楚地看到化石上的牙齿印痕和黑色丝状痕迹——这意味着这很可能是一具带羽毛的化石！这一发现让大家激动不已，立刻用"皮劳克"加固了化石，并快速送回了北京。后来经过技术人员对化石的清修，中国鸟龙的标本终于得以现世！这也是中国辽西地区第一块由古生物学家亲手采得的带羽毛恐龙的化石标本。

## ◆ 趣闻笔记

　　中国鸟龙还有一则有趣的故事，它曾被认为是毒蛇的同行——毒牙恐龙。2009年，有古生物学家认为，中国鸟龙的上颌中段有长牙，后侧有一条明显的沟痕。此外，长牙上侧的上颌骨内部有空腔，所以他们推测这可能是毒腺囊所在的区域。这样的结构与许多现代的有毒动物十分相似。中国鸟龙可能存在毒腺体与长牙，捕猎时将毒液注入猎物体内，与现代毒蛇类似。然而，也有一些古生物学家认为，中国鸟龙并非有毒动物，所谓的沟痕牙齿其实很普遍，而加长的牙齿是因为化石挤压推出牙齿导致的，毒腺囊区域只是正常的鼻窦。而支持中国鸟龙有毒的团队则进一步认为沟痕牙齿之所以普遍，是因为许多恐龙其实都有毒。但真相究竟如何，还要仰赖未来出现更精美的化石证据，并进行更细致的研究。

# 天宇盗龙

**拉丁名:** *Tianyuraptor*　　**拉丁名含义:** 天宇的盗贼

**食性:** 肉食性　　**体长:** 1.6 ~ 2.3 米

**发现地:** 辽宁凌源　　**年代地层:** 下白垩统义县组

**命名者:** 郑晓廷 等　　**命名时间:** 2009 年

## ◆ 特征

　　天宇盗龙是一种中型肉食性恐龙，属于兽脚类中的驰龙类。正型标本的保存情况很好，是一件几乎完整的、关节互相关联的骨骼，只缺少了最末端的几枚尾椎。化石发现于辽宁省朝阳市凌源市，而后被山东天宇自然博物馆收藏。2009年，该馆馆长郑晓廷教授与古生物学家徐星研究员等将其命名为奥氏天宇盗龙（*T. ostromi*）。属名表明标本来自天宇自然博物馆，种名中的"奥氏"是向古生物学家约翰·奥斯特伦姆致敬，奥斯特伦姆曾在兽脚类恐龙的研究上做出了特别的贡献。

　　天宇盗龙属于驰龙类中的小盗龙类，正型标本的体长1.6 ~ 1.8米，尾巴长约96厘米，超过身体的一半。但从骨骼愈合程度看，它可能尚未成年。一件还未正式发表的天宇盗龙标本则显示，成年个体体长可达2.3米，这已经是目前发现的小盗龙类恐龙中体形最大的成员之一了。

天宇盗龙的前肢比较短，只有后肢长度的 53%，而大部分其他驰龙类的前后肢比例可高于 70%。与小短手相比，天宇盗龙的后肢很长，长度能达到背椎总长的 3 倍。这样的前后肢比例不同于其他小盗龙类，要想适应飞行，那么它需要更长的前肢。此外，天宇盗龙的叉骨非常小且细长，叉骨与飞行密切相关，这些都暗示着天宇盗龙很可能不适合滑翔或飞行。

　　由于天宇盗龙不同于其他小盗龙类的形态特征，研究者认为它可能是混合了北半球劳亚大陆（古大陆的名称，据推测存在于侏罗纪到白垩纪，包括现今北半球大部分陆地，与之相对的是南方的冈瓦纳大陆）驰龙类、鸟翼类，以及南半球冈瓦纳大陆（古大陆的名称，由盘古大陆分裂而成，据推测存在于新元古代至白垩纪，包括现今南半球大部分陆地，在之后的地质时期内发生了大规模裂解，形成一系列较小的大陆板块，如南极洲、南美洲、非洲、阿拉伯半岛、马达加斯加、斯里兰卡、印度、澳大利亚和新西兰等）驰龙类的身体特征，是一种非常原始的小盗龙类恐龙。如果真是如此，那么后来那些拥有较长前肢的小盗龙类应该是独自演化出了飞行的能力。还有一种可能就是天宇盗龙是劳亚大陆的驰龙科恐龙中，非小盗龙类的原始物种。

## 中国猎龙

**拉丁名:** *Sinovenator*　　**拉丁名含义:** 中国的猎手

**食性:** 肉食性　　**体长:** 约 1 米（未成年）

**发现地:** 辽宁北票　　**年代地层:** 下白垩统义县组

**命名者:** 徐星 等　　**命名时间:** 2002 年

### ◆ 特征

　　中国猎龙是一种小型肉食性恐龙，属于兽脚类中的伤齿龙类。中国猎龙的发现非常重要，因为它是来自热河生物群的第一个确凿的伤齿龙类恐龙，与此前发现的驰龙类、窃蛋龙类、镰刀龙类一道组成了更加庞大的"毛茸茸恐龙家族"。

　　2001 年夏季，古生物学家在辽宁省北票市上园镇陆家屯发现了一些与众不同的恐龙骨骼化石。其中一块保留了相对完整的头骨构造和不太完整的头后骨骼，另一块保存了较完整的头后骨骼。这些化石不像大多数辽西的被压得扁扁的恐龙化石，而是立体的，这对研究非常有帮助。

　　和大多数伤齿龙类一样，中国猎龙有着像鸟一样的样貌，正型标本显示它的体长大约 1 米，但这并不是成年的个体。从后来新发现的化石看，中国猎龙成年后可能达到 2 米左右，这使其成为义县组发现的较大型的掠食者。

复原图

Chinese
Dinosaurs
中国恐龙

中国猎龙

中国猎龙短短的身体和"超长"的后肢很不成比例，前肢已经演化成像鸟类一样可以向两侧伸展的翅膀，垂下来仅有身高的 1/3。据古生物学家推断，中国猎龙的运动支点已经从臀部向股骨和胫骨之间转移，这说明它可以迅速地奔跑，行动非常敏捷，应该是一个爆发力强的追击型猎手。

伤齿龙类是最聪明的恐龙，这是因为它们都有一个大脑袋，中国猎龙也不例外，它那"聪明的大头"约 10 厘米长。它的嘴里长着细小的牙齿，这些牙齿有一些特殊，比如前上颌骨的牙齿没有典型兽脚类恐龙那种牛排刀状的锯齿边缘，锯齿只出现在上颌骨牙齿的边缘，而且很小。此外，中国猎龙的脑颅结构和始祖鸟相似，都具有能提高感知能力的复杂结构。

由于化石保存的局限性，中国猎龙的正型标本上没有羽毛的痕迹，但根据它的分类位置，古生物学家认为中国猎龙也是带羽毛的，而且它的前肢和尾巴上可能已经长有类似尾羽龙那样的带有闭合羽片的羽毛。

总体来说，中国猎龙有许多接近鸟类的特征，为我们理解恐龙向鸟类演化这一过程提供了重要信息。

# 义县龙

**拉丁名：** *Yixianosaurus*　　**拉丁名含义：** 义县的蜥蜴

**食性：** 肉食性　　　　　　**体长：** 约 1 米

**发现地：** 辽宁义县　　　　**年代地层：** 下白垩统义县组

**命名者：** 徐星、汪筱林　　**命名时间：** 2003 年

## ◆ 特征

　　2001 年，古生物学家在辽宁省锦州市义县头台乡王家沟义县组下部采集到一件恐龙标本。这一标本保存了较为完整的肩带和前肢，在骨骼化石附近还保存了毛茸茸的皮肤结构。2003 年，古生物学家将其命名为长掌义县龙（*Y. longimanus*），并将其归入兽脚类恐龙中的手盗龙类。义县龙从其发表以来分类位置就一直有争议，而较新的研究则显示义县龙与擅攀鸟龙科或近鸟龙类有着一定的亲缘关系。

　　义县龙的个子不大，体长约 1 米。它的手部很长，仅比少数几种非鸟兽脚类恐龙（如树息龙）短。兽脚类恐龙的手部与上臂的比例在其演化的过程中还发生过有趣的变化。起初，原始的兽脚类恐龙手部一般短于肱骨，手盗龙类的手部则长于肱骨，原始鸟类的手部相对更长，但到了后期，在进步的鸟类身上，这个特征出现反转，手部变短。这说明义县龙属于较为进步的兽脚类恐龙。此外义县龙的次末端指

 复原图

Chinese
Dinosaurs
中国恐龙

义县龙

节，也就是连接指爪的那节手指有明显加长的现象，这在进步的兽脚类恐龙中也是十分常见的。义县龙的爪子很长，弯曲成强有力的钩子。这样的手部结构使得义县龙有很强的抓握能力，在捕捉猎物，或在树上攀爬时，起到至关重要的作用，这也可能是对树栖习性的一种适应性演化（物种在特定环境或自然选择条件下演化的结果）。义县龙前肢的羽毛保存得并不好，但依然暗示了它或许可以做简单的空中运动，比如滑翔。

# 曲鼻龙

**拉丁名:** *Sinusonasus*　　**拉丁名含义:** 鼻子弯曲的蜥蜴

**食性:** 肉食性　　**体长:** 约1米

**发现地:** 辽宁义县　　**年代地层:** 下白垩统义县组

**命名者:** 徐星、汪筱林　　**命名时间:** 2004年

### ◆ 特征

　　曲鼻龙是一种小型肉食性恐龙，属于兽脚类中的伤齿龙类。目前发现的化石只有部分骨骼，包括头骨、部分下颌、尾椎、腰带骨和后肢。曲鼻龙的模式种是巨齿曲鼻龙（*S. magnodens*），种名中的"巨齿"，是指其牙齿大于其他伤齿龙类，而上颌骨中部的牙齿比前后部的要大也是这种恐龙的特征之一。曲鼻龙的大腿骨，也就是股骨长14.1厘米，古生物学家以此估计它的体长约1米。尾椎的脉弧骨（位于尾椎椎体腹面的V形骨）较长，在尾巴下方形成连续骨板，相对坚固的尾巴可以帮助曲鼻龙在运动的时候更好地平衡身体。和所有的伤齿龙类一样，曲鼻龙后肢的第二趾上也有一个大而弯曲的"杀手爪"。

复原图

Chinese
Dinosaurs
中国恐龙

曲鼻龙

## 中国暴龙

**拉丁名：** *Sinotyrannus*　　　**拉丁名含义：** 中国的暴龙

**食性：** 肉食性　　　**体长：** 约 9 米

**发现地：** 辽宁喀左　　　**年代地层：** 下白垩统九佛堂组

**命名者：** 季强 等　　　**命名时间：** 2009 年

◆ 特征

　　中国暴龙是大型肉食性恐龙，属于兽脚类中的暴龙超科中较原始的原角鼻龙类，是与上白垩统暴龙类不同的一个演化分支，是大名鼎鼎的雷克斯暴龙的远亲，目前发现的化石包括头骨的前部、3 块背椎、不完整的髂骨、3 节指骨和爪以及其他破碎的骨骼。

　　中国暴龙保存的部分头骨包括前上颌骨、牙齿、外鼻孔，以及部分齿骨。它的鼻孔大而椭圆，这一特征支持了它与原角鼻龙类的亲缘关系，其上颌骨上有不少牙齿，牙齿两侧都有密集的小锯齿。中国暴龙可能像其他原角鼻龙类一样有一个高大的鼻嵴，但这只是推测。保存的指骨从比例上看，可能属于内侧指，指爪的两侧各有一道凹槽，值得一提的是，这一时期的暴龙类还是有三个手指的。髂骨保存不好，是以铸模（生物遗体在岩层中留下的印痕及在其所遗空腔中的填充物）的形式被发现的，左髂骨外侧面最完整，该外侧面有显著的直立的嵴，这是研究者将其归

复原图

Chinese Dinosaurs
中国恐龙

中国暴龙

入暴龙类的证据之一。

　　虽然中国暴龙并不比帝龙这样的原始暴龙晚出现多久，但在体形上却已经与上白垩统的暴龙类似。估计中国暴龙总长度为 9 ~ 10 米，略大于义县组的羽王龙，比同期其他暴龙类则大得多，是已知的九佛堂组地层中最大的兽脚类恐龙。毫无疑问，它是九佛堂组恐龙中的霸主，是当时其他植食性恐龙的梦魇。

# 似尾羽龙

**拉丁名:** *Similicaudipteryx*　　**拉丁名含义:** 相似的尾的翼

**食性:** 杂食性　　**体长:** 约 1 米

**发现地:** 辽宁义县　　**年代地层:** 下白垩统九佛堂组

**命名者:** 何涛 等　　**命名时间:** 2008 年

## ◆ 特征

　　似尾羽龙是小型杂食性恐龙，属于兽脚类中的窃蛋龙类。似尾羽龙的正型标本是一个缺少头骨、前部颈椎以及前肢的成年个体。

　　似尾羽龙身长约为 1 米，前肢相对较短，腿部较长，有像鸟一样灵巧的身体、短尾巴、中部收缩的趾骨，这些都表明它是一种适于快速奔跑的动物。顾名思义，似尾羽龙与尾羽龙非常相似。这两种恐龙最大的区别是，似尾羽龙有真正的尾综骨——尾巴最末端的骨头，由数块尾椎骨愈合而成。鸟类的尾综骨呈侧扁形（锄形），上面固定着尾羽。这表明尾综骨——曾经被认为是鸟类特有的结构——可能在恐龙的独自演化中出现过。

复原图

Chinese
Dinosaurs
中国恐龙

似尾羽龙

◆ 趣事笔记

　　在似尾羽龙的论文发表时，已知的尾羽龙类化石均发现于辽宁省朝阳市北票市四合屯地区的义县组，新标本则发现于辽宁省锦州市义县西二虎桥，属于年代更晚的九佛堂组，这也是当时在九佛堂组发现的唯一一件尾羽龙类化石。

103

# 小盗龙

**拉丁名:** *Microraptor*　　**拉丁名含义:** 微小的盗贼

**食性:** 肉食性　　**体长:** 约 70 厘米

**发现地:** 辽宁朝阳　　**年代地层:** 下白垩统九佛堂组

**命名者:** 徐星 等　　**命名时间:** 2003 年

## ◆ 特征

　　小盗龙是小型肉食性恐龙,属于兽脚类中的驰龙类。虽然它的名字以"小"字打头,但它可是恐龙世界的明星,它的出现颠覆了我们之前对恐龙的认知,引起了巨大的轰动。为什么轰动呢?因为小盗龙是我们发现的第一种长有四个翅膀的恐龙,也是已知的第一种真正会飞的恐龙。

## ◆ 发现故事

　　在 2001 年元旦这一天,古生物学家徐星研究员刚刚发表了当时世界上最小的恐龙,命名为赵氏小盗龙。赵氏小盗龙的标本并不完整,不过,徐星仔细地研究了它的骨骼化石,结果发现,小盗龙有着非常发达的上肢和适于攀援的下肢,这样的特征让它很适合在树上活动。因此他推测，小盗龙喜欢栖息在树上，是树栖恐龙。

为什么科学家这么关心恐龙是不是树栖呢？因为，如果恐龙在树上生活，那它们就需要从高处跳下、滑翔，飞行能力就变得重要起来。如果小盗龙是树栖恐龙，这意味着有一个恐龙的分支已经转移到树上生活了，意味着恐龙在向鸟类演化的过程中已经到达了一个重要的阶段。

不过，赵氏小盗龙的标本实在是太不完整了，科学家的研究暂时只能到这一步。好在没多久，又一种新的小盗龙化石出现了。

2003 年，徐星研究员在辽宁省西部得到了一块有趣的化石。这块化石乍一看和赵氏小盗龙很像，个头比赵氏小盗龙要大一些，大概身长 77 厘米，可能跟你书桌的宽度差不多。但古怪的是，这只新发现的恐龙，前后肢的外侧都能看到排列整齐的羽毛，也就是说，它长了四个翅膀。这只恐龙长得也太古怪了，简直就像假的一样。

说到像假的一样，就不得不提一桩科学骗局。那是 1999 年，赵氏小盗龙还没发表时，美国一家恐龙博物馆的馆长从化石贩子手里买到了一件化石，这件化石很像一只长着恐龙尾巴的鸽子。这可是一件能证明恐龙和鸟类之间关系的关键标本，这位美国古生物学家特别激动，很快在美国《国家地理》杂志上介绍了这件化石，并给它起名叫"辽宁古盗鸟"。同时，他还准备在《自然》杂志上发表学术论文来宣布这个发现。但是，这个时候，其他古生物学家提出：他被骗了——这件化石是化石贩子用恐龙和古鸟类的化石拼凑出来的。后来经过徐星确认，其中一部分恐龙化石是赵氏小盗龙的化石。这可是个大骗局，上当的古生物学家差点就发表了一种不存在的生物。

有这个骗局在先，古生物学家们就更为谨慎了，所以新发现的这只四个翅膀的恐龙会不会也是谁伪造的呢？别担心，这一次，古生物学家在辽西发现了好几件这

样的恐龙化石，徐星仔细检查了它们，发现每件化石都能看出前后肢长有翅膀。这就说明，长四个翅膀真的是这种恐龙的特征，它是一种跟赵氏小盗龙不太一样的、新的小盗龙。徐星他们随后发表了这种新的恐龙，将其命名为顾氏小盗龙。

　　前面我们说了，发现赵氏小盗龙的时候，科学家就推测它是树栖恐龙，现在发现了完整的顾氏小盗龙化石，科学家就更能确定小盗龙是树栖的了，它的四肢简直就是为了树栖而生，身体小巧灵活，在树上上蹿下跳也能保持平衡。而且，它拖着两脚羽毛，怎么看都不适合在地面狂奔，这就像你跑步的时候腿上拖着丝带一样，肯定会被绊倒嘛。那四个翅膀能干吗呢？当然是用来滑翔了，科学家推测，鸟类的祖先可能也是顾氏小盗龙这副模样，等到鸟类后肢翅膀退化，前肢能够拍动，鸟类才变成我们今天熟悉的模样。所以说，顾氏小盗龙这个发现，给"鸟类起源于恐龙"的假说提供了有力的支撑。

科学是经得起重复考验的，在 2003 年之后，科学家陆陆续续发现了上千件小盗龙化石。有了这么多化石材料，科学家对小盗龙的研究就更充分了。

### ◆ 趣事笔记

2001 年古生物学家徐星研究员发表的赵氏小盗龙是兽脚类恐龙中的驰龙类。著名的恐爪龙、伶盗龙都属于驰龙类。科学家认为，驰龙类和鸟类就像姐妹一样，亲缘关系特别近。

不过，在 1999 年以前，很多古生物学家是不认可这个观点的。原因很简单，因为那时候发现的驰龙类个头都太大了，所以有些人说，大动物怎么能变成小动物呢，他们反对"鸟类起源于恐龙"这个假说。但是赵氏小盗龙比它的前辈们小太多了，它可能是未成年个体，约 30 厘米长，比平板电脑略大，是当时世界上已知最小的恐龙。小盗龙的发表，证明了恐龙里也有小个子，让反对者无话可说。

2012 年，科学家用一个特殊的办法，利用电子显微镜将小盗龙化石里的微小色素结构——黑素体与现生鸟类的黑素体进行对比，给小盗龙"拍了张彩色照片"，结果发现，小盗龙的羽毛是黑色的，如果它飞到阳光下，看起来会有蓝色、黑色的光泽。

这件被复原颜色的小盗龙化石保存得实在是完美，甚至连尾巴末端的细节也清晰可见。以往，古生物学家猜测小盗龙的尾羽呈扇形排列，就像鸽子的尾巴那样。有了这件化石，科学家才知道，小盗龙的尾巴最末端还长着两根长长的翎羽。翎羽就是鸟类翅膀和尾巴上的长羽毛。

这项最新发现还改变了科学家对小盗龙生活习性的推测，以前，有古生物学家看到小盗龙长着大眼睛，就推测它是夜行动物。现在他们要修正这个观点了，毕竟黑夜里可不需要这样绚丽的羽毛和翎羽。观察今天的鸟类我们也会发现，那些羽毛带光泽的鸟类更喜欢在白天活动。或许，小盗龙会在黄昏和黎明活动，因为这时候它们就既能用上大眼睛，又可以用带有虹彩的羽毛来辨别同伴、吸引同伴了。

　　小盗龙的食谱也很有趣。古生物学家在小盗龙的肚子里发现过未消化完的古鸟、古哺乳类、蜥蜴等动物的残骸。2013 年，邢立达等古生物学家在一件小盗龙化石的腹部找到了一些杂乱、细小的骨头，它们就像一根根很细的针。经过近百个小时的精细清修，他们发现，这些散落在小盗龙胃里的细针是薄薄的鱼鳍鳍条。此外，古生物学家还发现了鱼类脊椎、肋骨的碎片。别看这些骨头破，在古生物学家眼中却很重要，它说明小盗龙会吃鱼，这是首次发现确凿的飞行恐龙吃鱼的证据。

　　根据这些发现我们可以判断，小盗龙可能是个厉害的猎手，善于狩猎环境中各种常见的猎物，你也可以说它们不挑食。能飞又不挑食，可能就是它们当年繁荣的秘诀吧。

# 羽龙

**拉丁名:** *Cryptovolans*  **拉丁名含义:** 隐藏的飞行者

**食性:** 肉食性  **体长:** 约 90 厘米

**发现地:** 辽宁北票  **年代地层:** 下白垩统九佛堂组

**命名者:** 斯蒂芬·柯瑞克斯 等  **命名时间:** 2002 年

## ◆ 特征

羽龙是小型肉食性恐龙，属于兽脚类中的手盗龙类。羽龙的化石保存有原始的羽毛印痕，这些非对称飞羽分布在它的前后肢上。羽龙拥有胸骨与具有钩状突的肋骨，这些特征出现在现生鸟类身上，而在始祖鸟身上则没有找到，这表明羽龙可能拥有比始祖鸟更好的飞行能力。

## ◆ 趣事笔记

由于化石保存的局限性，研究者最初并没有意识到羽龙的非对称飞羽会同时分布在其前后肢上，以为只是分布在前肢上。直到"四翼恐龙"——顾氏小盗龙被发现之后，研究者才意识到羽龙的后肢上也有飞羽。

复原图

Chinese
Dinosaurs
中国恐龙

羽龙

羽龙的骨骼形态与小盗龙非常相似，不少古生物学家认为它是小盗龙的同物异名。但也有古生物学家认为羽龙的尾部和后肢与小盗龙有较大差异，是一个有效的物种。

# 雄 关 龙

**拉丁名:** *Xiongguanlong*　　**拉丁名含义:** 雄关（指嘉峪关）龙

**食性:** 肉食性　　**体长:** 约 4.5 米

**发现地:** 甘肃俞井子盆地　　**年代地层:** 下白垩统中沟组

**命名者:** 李大庆 等　　**命名时间:** 2010 年

## ◆ 特征

　　雄关龙是中型肉食性恐龙，属于兽脚类中原始的暴龙类。化石发现于嘉峪关以北的俞井子盆地，包括完整的头骨，颈椎和背椎，右股骨和部分髋骨。雄关龙的属名来自化石发现地附近的嘉峪关的别名——天下第一雄关，其模式种听起来十分可怕，叫作白魔雄关龙（*X. baimoensis*），其实，这"白魔"可不是吓人的魔鬼，而是当地一种叫作白魔城的白色城堡状的自然景观。

　　雄关龙体格强壮，身长约 4.5 米，臀高 1.5 米，头部较长，约有半米，体现为长且较为狭窄的上下颌，有数十颗锋利的牙齿，前肢短小，一对长腿肌肉发达，长且粗的尾巴有保持身体平衡的作用，避免头重脚轻。从其他暴龙类的体征来看，雄关龙很可能也长有羽毛。

　　从骨骼上看，雄关龙缺乏一些上白垩统暴龙类成员的特征，例如鼻骨愈合，泪

骨具明显的角状突，方骨具气孔，等等。但雄关龙的颅骨底部宽度大于长度，这种盒状头骨是进步的特征。前颌齿的横截面呈 D 形，这也是暴龙类独有的特征。此外，雄关龙缺乏冠饰，这不同于普遍有冠饰的原始暴龙类，如帝龙、冠龙等。

雄关龙的吻部长而狭窄，伸长的眶前区占头骨长度的 2/3 左右。这种长吻部有点像发现于蒙古国巴彦洪戈尔的分支龙（*Alioramus*），该结构不能很好地承受巨大的咬合力，仅适合撕咬猎物。白垩纪晚期的大型暴龙类则不是这样，它们的吻部大且厚重，可承受巨大的咬合力，适合直接咬碎骨头。古生物学家们推测，雄关龙演化出这种结构是对掠食的一种适应演化。总之，雄关龙的发现填补了暴龙家族早期的信息空白，并有助于研究早期小型暴龙是如何演化成晚期大型暴龙的。

# 北山龙

**拉丁名:** *Beishanlong*　　**拉丁名含义:** 北山的龙

**食性:** 杂食性　　**体长:** 约 7 米

**发现地:** 甘肃俞井子盆地　　**年代地层:** 下白垩统新民堡群

**命名者:** 彼得·马科维奇 等　　**命名时间:** 2010 年

◆ **特征**

　　北山龙是大型杂食性恐龙，属于兽脚类中的似鸟龙类，保存的化石并不多，正型标本是一件缺失头骨，只有肩带、前肢、部分腰带、后肢和部分尾椎的化石。

　　北山龙属于似鸟龙类中的恐手龙科，虽然与白垩纪晚期的近亲恐手龙（*Deinocheirus*）相比，北山龙没有修长的手掌、长指爪等特征，但是北山龙的爪子仍然长达 16 厘米，比其他大多数似鸟龙类更强壮，相信可以作为它防御的武器。

　　北山龙体形庞大，是迄今发现的最大的似鸟龙类恐龙之一。古生物学家根据其 66 厘米长的股骨，推测北山龙的体重约有 626 千克。不过，古生物学家发现这只北山龙其实还没完全成年，根据骨组织学研究，胫骨有 13 或 14 个成长环，这能指示它的年龄，也就是说这只北山龙死亡的时候大约 14 岁，但那时其骨骼仍在生长。

复原图

Chinese Dinosaurs
中国恐龙
北山龙

　　研究者认为，似鸟龙类的北山龙、镰刀龙类的肃州龙与窃蛋龙类的巨盗龙，可能代表着不同分支的早白垩世大型杂食性及植食性虚骨龙类在中亚的扩散。需要说明的是，早期的镰刀龙类和似鸟龙类可能是植食性或杂食性，而晚期的这些恐龙，主流观点认为是植食性的。

# 肃州龙

**拉丁名：** *Suzhousaurus*

**拉丁名含义：** 肃州（酒泉旧称）的蜥蜴

**食性：** 植食性或杂食性

**体长：** 约6米

**发现地：** 甘肃俞井子盆地

**年代地层：** 下白垩统新民堡群

**命名者：** 李大庆 等

**命名时间：** 2007年

◆ **特征**

　　肃州龙是中等大小的植食性或杂食性恐龙，属于兽脚类中的镰刀龙类。肃州龙是白垩纪早期最大型的镰刀龙之一，不过目前发现的化石并不多，没有头骨，只有一些头后骨骼，如脊椎和腰带骨，以及部分四肢骨骼。

　　肃州龙外形最奇特，和它的亲戚北票龙类似，它的身上应该也披有羽毛，看上去就像一只超大的火鸡。肃州龙的模式种名叫似大地懒肃州龙，龙如其名，肃州龙的体态如同一只大地懒一般，大地懒是新生代曾经生活在南美的一种巨大而行动缓慢的动物。古生物学家认为肃州龙很可能也像地懒一样，并不擅长运动，行动较为缓慢，但是作为镰刀龙类的一员，它前肢的利爪或许也是强有力的武器，能够保护它们应对更凶猛的捕食者的袭击。

# 大塘龙

**拉丁名:** *Datanglong*　　**拉丁名含义:** 大塘的龙

**食性:** 肉食性　　**体长:** 7～9米

**发现地:** 广西南宁　　**年代地层:** 下白垩统新隆组

**命名者:** 莫进尤 等　　**命名时间:** 2014 年

## ◆ 特征

　　2011 年，广西的古生物学家在广西壮族自治区南宁市良庆区大塘镇发现了一些大型兽脚类恐龙的化石，包括一些椎骨和腰带骨。经过研究，古生物学家认为这些大骨头化石属于兽脚类中的鲨齿龙类。鲨齿龙类属于异特龙超科，是一类生活在中侏罗世至上白垩统的大型掠食性恐龙，在很多区域都是当地的霸主。广西发现基干鲨齿龙类恐龙进一步证实了，在白垩纪的早期至中期，鲨齿龙类是全球性分布的大型掠食者。大塘龙的庞大身躯让它能够轻易猎杀其他大型的植食性恐龙，是当时大塘盆地的恐龙之霸王。同时，大塘龙的发现也增加了我国南方大型兽脚类恐龙的多样性。

# 阿拉善龙

**拉丁名:** *Alxasaurus*　　**拉丁名含义:** 阿拉善的蜥蜴

**食性:** 植食性或杂食性　　**体长:** 约 3.8 米

**发现地:** 内蒙古阿拉善戈壁　　**年代地层:** 下白垩统巴音戈壁组

**命名者:** 戴尔·罗素、董枝明　　**命名时间:** 1993 年

◆ 特征

　　1988 年,中国-加拿大恐龙计划考察队在内蒙古阿拉善戈壁阿乐斯台地区发现了多件镰刀龙类的骨骼标本,并在 1993 年发表论文命名,这就是阿拉善龙。多件化石在一起发现表明其很可能是营群居生活的植食者。

　　阿拉善龙是一种中等大小的植食性或杂食性恐龙,属于兽脚类中的镰刀龙类。发现的化石包括下颌、部分牙齿、部分四肢骨骼、肋骨、脊椎,以及所有的 5 枚荐椎、前 19 枚尾椎。这些骨骼包含了除头骨以外身体大部分的骨头,完全可以拼凑出镰刀龙类恐龙的大致轮廓,包括它的长脖子、大肚子和长指爪。

　　阿拉善龙的下颌有许多小牙齿,呈小叶状,数目超过 40 颗。颈肋与颈椎不愈合,尾巴短,前肢长达 1 米左右,但比后肢短一些。手上长有较长的爪子,但这些爪子远不如晚期镰刀龙类的大爪子那么发达,相对短一些,而且更加平直。长长的

复原图

Chinese Dinosaurs
中国恐龙

阿拉善龙

前肢和爪子可以帮助它把高处的树枝拽到低处，以便进食，或扒拉泥土寻找小虫子或植物的根当作零食。它的身上很可能覆盖着一层毛状物，看上去就像一只长尾巴的巨型火鸡。

阿拉善龙的骨骼及牙齿都与其他镰刀龙类恐龙一致，这类恐龙曾经被认为是恐龙中的"四不像"，但后来它们身上越来越多的骨骼特征都表明它们与兽脚类恐龙的关系十分亲密。比如阿拉善龙也有半月状的腕骨，这一特征只在手盗龙类恐龙中出现过，例如窃蛋龙类、驰龙类等。

# 中国鸟脚龙

**拉丁名:** *Sinornithoides*　　　**拉丁名含义:** 中国的鸟类外形

**食性:** 肉食性　　　　　　　　**体长:** 约1米

**发现地:** 内蒙古鄂尔多斯盆地　　**年代地层:** 下白垩统伊金霍洛组

**命名者:** 戴尔·罗素、董枝明　　**命名时间:** 1993/1994年

## ◆ 特征

　　中国鸟脚龙是小型肉食性恐龙,属于兽脚类中的伤齿龙类。1988年,中国−加拿大恐龙计划考察队在内蒙古自治区鄂尔多斯盆地发现了这只小恐龙的化石。化石保存得较为完整,有部分头骨、下颌、前后肢和长长的尾巴,多数骨骼还互相关联在一起。从骨骼的愈合程度看,这只中国鸟脚龙是一个亚成年个体。这只小恐龙化石的姿态很有趣,其身体蜷缩在一起,头骨埋在左前肢之下,很像鸟类睡觉的姿态。这个信息在保存得更加完好的寐龙(*Mei*)被发现后得到了确认。

　　中国鸟脚龙的身体小巧,身长约1米,臀高0.5米左右。与其他伤齿龙类一样,中国鸟脚龙的脑袋长且尖,前上颌骨很短,存在一个上颌前孔,前上颌骨有4颗牙齿,上颌骨约有23颗牙齿。上颌齿前缘没有锯齿,后缘有一排圆锥形的弯曲锯齿,下颌齿紧密排列。它的脚上第二趾爪呈镰刀状,有着发达的后腿和较细但灵活的前肢,全身披着羽毛。受限于娇小的体形,中国鸟脚龙可能以小型哺乳动物或昆虫为食,同时它们也是其他大中型肉食性恐龙的盘中餐。

# 独龙

**拉丁名:** *Alectrosaurus*　　　**拉丁名含义:** 单独的蜥蜴

**食性:** 肉食性　　　**体长:** 约 5 米

**发现地:** 内蒙古二连浩特　　　**年代地层:** 上白垩统二连组

**命名者:** 查尔斯·吉尔摩　　　**命名时间:** 1933 年

## ◆ 特征

　　独龙的化石发现于 1923 年，1933 年该化石被美国古生物学家查尔斯·吉尔摩命名为奥氏独龙。独龙的属名意为"单独的蜥蜴"，这是因为在化石被发现的时候，它的整体特征并不像其他亚洲肉食性恐龙一样群居生活，很可能是单独的一只。

　　独龙是中等大小的肉食性恐龙，属于兽脚类中的暴龙类，发现的化石有一部分前肢，以及右股骨、胫骨、腓骨和足部。与拥有强壮双腿的暴龙相比，独龙的后肢则显得十分纤细，并具有延伸的跖骨和趾骨，这一特点更像是善于陆地奔跑的鸟类，同时也说明了独龙的奔跑速度可能很快，这使它牢牢地占据了捕食者的地位，但这种特征似乎已经被其他更加强壮的暴龙类所舍弃。除此之外，独龙另一个与其他暴龙类不同的特征是，它的胫骨和股骨的长度十分接近，相较而言，其他大多数暴龙类的胫骨会比股骨更长一些。

复原图

Chinese Dinosaurs
中国恐龙

独龙

　　独龙的化石很不完整，很难确定独龙在暴龙超科的分类关系和演化位置。不完整的化石还引发过一些乌龙事件，例如化石点一个镰刀龙类恐龙的前肢曾被归入独龙的化石，差点改变了独龙的分类位置。

# 古似鸟龙

**拉丁名:** *Archaeornithomimus*　　**拉丁名含义:** 古老的鸟类模仿者

**食性:** 杂食性　　**体长:** 约3.4米

**发现地:** 内蒙古二连浩特　　**年代地层:** 上白垩统二连组

**命名者:** 戴尔·罗素　　**命名时间:** 1972年

## ◆ 特征

　　古似鸟龙是较小型的杂食性恐龙,属于兽脚类中的似鸟龙类,其正型标本是椎体和一些四肢骨。由于化石不多,古似鸟龙的体长与生活习性都是根据其同类来推断的。古似鸟龙的体长估计可以达到3.4米,体重45~91千克,比它的亲戚,如似鸟龙和似鸵龙都小上一圈。

　　CT扫描显示,古似鸟龙的颈椎内部有非常复杂的空腔,表明它存在颈椎气囊,这有利于其减轻重量并提高呼吸效率。现代的鸟类也有类似的结构,用这些充气椎体搭建起一套庞大的气囊系统,向肺传送气流,增强呼吸,保持稳定和高效的新陈代谢,提高机体活力。

　　古似鸟龙脚上的第三跖骨近端收缩,属于窄足型足部(arctometatarsalian),窄足型足部常见于善奔跑的兽脚类恐龙中。古似鸟龙的后肢修长,胫骨长于股骨,说

明其非常善于奔跑。此外，它可能还有一条长尾巴，尾巴约占了身长的一半，可以用来保持身体平衡，使得它们跑起来像风一样迅速，它很可能是中国恐龙大家族中奔跑速度最快的恐龙之一。

古似鸟龙的食谱可能非常广泛，植物、蛋，甚至一些小型哺乳动物，来者不拒。很快的速度和较好的耐力，不仅为古似鸟龙的捕食提供了很多优势，在遇到凶猛的大型掠食性恐龙时，古似鸟龙也可以依靠速度和耐力来保命。

## ◆ 发现故事

在 20 世纪 20 年代，由美国自然史博物馆主导的第三次中亚考察探险计划正式开展，这是有史以来研究亚洲地质与古生物学最为庞大的一支队伍。他们在蒙古国南部的戈壁沙漠以及中国的内蒙古地区挖出了大量恐龙化石。

1922 年 4 月 21 日清晨，40 名考察人员搭乘 5 辆车，配备 75 匹骆驼从河北张家口的基地向蒙古高原进发。4 月 25 日，这支庞大的队伍在内蒙古二连浩特的一个电报站扎营。仅仅过了几个小时，考察人员就在营地附近发掘到了化石，二连浩特也因此成为中亚首个产出恐龙化石的地区。一年后，中亚考察队已经在三个化石点发掘出大批缺少头骨的兽脚类恐龙化石，当时古生物学家查尔斯·吉尔摩（Charles W. Gilmore）通过简单的研究就将其归入了似鸟龙类，并命名为亚洲似鸟龙（*Ornithomimus asiaticus*）。但在 1972 年，古生物学家戴尔·罗素又对这批化石重新做了详细的研究，并将其厘定为亚洲古似鸟龙（*A. asiaticus*），戴尔·罗素认为它是亚洲的似鸟龙类中最为原始的成员。

# 二连龙

**拉丁名:** *Erlianosaurus*　　**拉丁名含义:** 二连浩特的蜥蜴

**食性:** 植食性或杂食性　　**体长:** 约4米

**发现地:** 内蒙古二连浩特　　**年代地层:** 上白垩统二连组

**命名者:** 徐星 等　　**命名时间:** 2002年

## ◆ 特征

　　二连龙是中等大小的植食性或杂食性恐龙，属于兽脚类中的镰刀龙类。二连龙发现于二连浩特的二连组地层，并由此得名，模式种是美掌二连龙（*E. bellamanus*），种名在拉丁文中的意思为"美丽的手掌"，意指其前肢化石保存状态良好。二连龙的化石目前只有一具亚成年个体化石，缺少头骨，主要是部分头后骨骼，包括5块椎骨、肩胛骨、前肢（缺少腕骨）、部分腰带骨、股骨、胫骨、腓骨，以及数块跖骨。

　　二连龙的化石缺少头骨，但这并不影响古生物学家推测它的形态，从已发现的化石看，它包含了许多镰刀龙类的典型特征。镰刀龙类作为兽脚类恐龙中特化的一种类群，可能是以植物为主食的杂食性。二连龙有大型的弯曲指爪，末端尖锐，其中拇指的爪是最大的，这个特征可能可以帮助它挖掘、抓取枝叶或防御。另外二连龙有个大肚子，可以容纳大型的消化系统。毕竟，植物叶片的丰富纤维可不好消

化，就像现今的大型动物也是以吃植物为主，如大象、犀牛等等。

从早白垩世的镰刀龙类，如北票龙来看，北票龙有着细丝状皮肤衍生物，因此古生物学家推测同为镰刀龙类的二连龙或许也是一种毛茸茸的恐龙。

# 巨盗龙

**拉丁名：** *Gigantoraptor*　　**拉丁名含义：** 巨型盗贼

**食性：** 植食性或杂食性　　**体长：** 约 8 米

**发现地：** 内蒙古二连浩特　　**年代地层：** 上白垩统二连组

**命名者：** 徐星 等　　**命名时间：** 2007 年

### ◆ 特征

　　巨盗龙是较大型的植食性或杂食性恐龙，属于兽脚类恐龙中的窃蛋龙类。目前发现的化石有着完整的下颌，脊椎保存也相当完好，前肢、腰带骨、后肢也基本完整。

　　巨盗龙具有许多窃蛋龙类的典型特征，如短粗且加高的齿骨，没有牙齿，尾椎腹侧有个深深的凹沟，耻骨向前弯曲，等等。但是窃蛋龙类恐龙的体长一般不过 2 米，巨盗龙的体长却足足有 8 米，站立高度超过 5 米，体重大约 1.4 吨。它是目前已知最大型的窃蛋龙类恐龙，其体形和其他同类的娇小伙伴相比，简直是侏儒中的一位巨人。

## ◆ 发现故事

　　巨盗龙的发现可以说是机缘巧合。故事发生在二连浩特，该地地处我国内蒙古自治区和蒙古国的交界处。"二连"原音"额仁"，是当地牧民口中戈壁景色、海市蜃楼的意思，浩特就是城市的意思。1921年美国自然史博物馆成立的中亚考察团在二连浩特地区做了大量的发掘工作，收获非常丰富。在这次考察中，古生物学家在二连浩特地区发现了暴龙类、似鸟龙类、鸭嘴龙类等种类繁多的恐龙化石。目前，二连盆地的恐龙化石保护区面积已达200平方千米，差不多等于28000个足球场那么大！堪称世界上最大的"白垩纪公园"。

　　二连浩特的化石资源非常丰富，很容易在地表发现暴露出来的化石。从20世纪 90 年代末开始，一些中国科学家持续在这里挖掘，并陆续发现了三种恐龙新种类，其中包括被命名为苏尼特龙的一种新的蜥脚类恐龙。2005 年 4 月，日本 NHK 电视台想去二连浩特拍摄纪录片，复原一下古生物学家是怎么发现苏尼特龙的。

古生物学家徐星研究员和内蒙古当地的古生物学家谭琳与电视台一同前去，来到前几天刚发掘出露的一块化石前，这是一块裸露在干涸河床边上的恐龙大腿骨化石。他们一边清理，一边对着镜头做起了介绍。徐星与发掘队员用刷子把化石从岩石中一点点扫出来。这个地区的岩石比较松软，容易刷落。当大腿骨逐渐从岩石中被剥离出来的时候，徐星惊讶地发现，眼前的这具化石并不是蜥脚类恐龙化石，而可能是一具兽脚类恐龙化石。"弄错了，别拍了。"他赶紧对着摄像师喊停。

兽脚类恐龙体形一般较小，这么巨大的兽脚类恐龙相当少见。难道是暴龙类？徐星有些疑惑。当地曾经发现过一种叫独龙的原始暴龙，但体形并不像后来演化的霸王龙那样巨大。由于化石出露面积很小，暂定为独龙后，大家都非常激动，毕竟，大型兽脚类恐龙可是非常少见的，大规模的挖掘随即展开。

发掘队在裸露的化石周围打了一些探测的钻孔，将周围的岩层剥离开，查看下面是否有化石。没有，就缩小范围再打一些钻孔，再剥离岩层。如此反复探测，最后确定化石散布在大约七八平方米的范围内。"看来是个大家伙。"工作人员随即将整个岩层连同化石切割下来，用"皮劳克"包好，带回实验室慢慢剥离。化石完全剥离出来后，工作人员惊喜地发现这只恐龙 70% 的骨骼都保存下来了。

五个月后，化石基本被清理出来，徐星再次赶到位于呼和浩特的实验室。看到下颌骨的那一刻，徐星已经知道，这不是暴龙，而很可能是一只体形巨大的窃蛋龙类恐龙！经过详细的研究之后，徐星在 2007 年发表了这个新物种，正式将其命名为巨盗龙。

由拍摄纪录片而偶然发现的恐龙，巨盗龙的故事可以说是个"传奇"。

窃蛋龙类的很多标本都发现有羽毛，如尾羽龙、原始祖鸟，巨盗龙的化石上有没有羽毛呢？很遗憾，科学家并没有发现。但没有发现并不一定就没有。现在科学家倾向于所有的窃蛋龙类应该都有羽毛，这些羽毛不是用来飞行，而是用来给它们的小身板保温或炫耀用的。

那问题又来了，巨盗龙这么大，其实可以靠巨大体形来维持体温，而不一定需要身体的覆盖物啊！徐星猜测，巨盗龙可能是有羽毛的，但可能主要集中在前肢或尾巴上，而这些羽毛很可能不是用来调节体温，而是用来在同类之间炫耀的。

另外一个点也很有意思，巨盗龙这么大块头，它多大了？如果它还没成年，那说不定还能更大啊！科学家是怎么解决这个问题的呢？

首先可以看化石的愈合程度。在动物小的时候，不少骨头之间的缝隙很明显，年纪大一些就会愈合在一起。巨盗龙的骨头已经愈合得很好。其次，我们知道，恐龙的一些骨头断面和树木年轮一样，可以估算年纪。

科学家切开了巨盗龙的小腿骨化石，算了算，猜测它死亡的年龄是 11 岁，并在 7 岁时达到亚成年体，并持续成长到完全成年体。这个成长速率比大部分兽脚类恐龙都要快一些，这也可能是它能有这么大块头的原因。

巨盗龙吃什么？这也是一个非常有趣的问题。窃蛋龙类恐龙的食性一直处于研究及讨论中，巨盗龙食性的确定很大程度上要以此作为参考。窃蛋龙类恐龙不像其他兽脚类恐龙那样，满口大牙，它有一个喙状嘴，就像鸟嘴一样。这个喙状嘴有角质覆盖着上下颌的前边，加上下颌有高高的突起和大大的孔洞来附着肌肉，看起来有力且坚固。因此科学家最早会以为在孵蛋的窃蛋龙是在偷蛋，就是因为这张轻易可以戳破恐龙蛋的嘴。也有科学家认为窃蛋龙类这张嘴和同一地区发现的贝壳，比如蛤蜊之类的，有潜在的关联。想想窃蛋龙类每天用嘴巴噼里啪啦地啃食贝壳，这个场景还挺有趣的。

现在，很多古生物学家更倾向于窃蛋龙类是杂食性的，除了会捕食一些可以直接吞咽的小型动物或昆虫，也可能会用嘴撕扯叶片或果实。巨盗龙的食性依然是个谜，但后肢的比例显示其适合奔跑，手上的大钩爪也和其他植食恐龙用来抓取树叶的不同。因此，巨盗龙有可能会靠着自身巨大的身体优势，去袭击其他恐龙的巢穴，捕杀其他恐龙的幼龙，或者甚至可以捕食一些较大型的猎物，用爪撕开猎物，将其分解，再进行吞咽。

究竟这种身材如此巨大的窃蛋龙家族异类，是所到之处造成一阵阵骚乱、除暴龙类之外不折不扣的"霸王鸟"，还是以植物为主，擅于逃跑但遇到危险时也会不惜用爪子应战的温驯生物，就只能仰赖科学家们有更新的发现了。

# 假鲨齿龙

**拉丁名：** *Shaochilong*　　　　　**拉丁名含义：** 鲨齿龙

**食性：** 肉食性　　　　　　　　　**体长：** 5 ~ 6 米

**发现地：** 内蒙古阿拉善盟毛尔图　**年代地层：** 上白垩统乌兰苏海组

**命名者：** 斯蒂芬·布鲁萨特 等　　**命名时间：** 2009 年

## ◆ 特征

　　假鲨齿龙是中型肉食性恐龙，属于兽脚类中的鲨齿龙类。它的化石包括上颌骨、顶骨、六枚尾椎，是一个成年个体或接近成年的个体。从留存的骨骼估算，假鲨齿龙的身长 5 ~ 6 米，这与上白垩统的其他大型兽脚类恐龙比起来，显得一点都不大。虽然假鲨齿龙的体形不大，但它依然有着凶猛捕食者该有的样子——强有力的上下颌，锋利的牙齿。

## ◆ 发现故事

　　早在 1960 年，中苏古生物考察队在中国内蒙古阿拉善盟的毛尔图发现了一具大型兽脚类恐龙的化石，4 年后将其命名为毛尔图吉兰泰龙（*Chilantaisaurus maortuensis*）。

Chinese
Dinosaurs
中国恐龙

假鲨齿龙

到了 2003 年时，有古生物学家提出这具化石标本可能并不是吉兰泰龙，而属于较原始的虚骨龙类。2009 年，斯蒂芬·布鲁萨特（Stephen L. Brusatte）等古生物学家重新研究了这具化石标本，并将其命名为假鲨齿龙（*Shaochilong*），模式种名叫毛尔图假鲨齿龙（*S. maortuensis*），这也是亚洲首次发现的鲨齿龙类恐龙。

## ◆ 趣事笔记

假鲨齿龙虽然名字里有个"假"字，但它却是真得不能再真的鲨齿龙类恐龙。为假鲨齿龙命名的人，将"鲨齿龙"三个字的汉语拼音直接音译为英文进行命名，所以为了避免和鲨齿龙本尊产生混淆，中文翻译的时候便译成了"假鲨齿龙"。

假鲨齿龙的分支系统学分析结果也很有趣，从一定程度上记录了白垩纪时代地球霸主更迭的传奇。在分类上，假鲨齿龙属于异特龙超科的鲨齿龙科。在鲨齿龙科中，假鲨齿龙与南半球的早白垩世的魁纣龙、鲨齿龙、马普龙、南方巨兽龙比较相似，而与北半球的新猎龙、高棘龙的关系较远。此外，古生物学家认为，至少在白垩纪中期，非暴龙科的原始坚尾龙类恐龙仍是北半球的优势大型肉食性恐龙；而在上白垩统，暴龙科才成为北半球的优势大型肉食性恐龙，开始了一代地球霸主的传奇历史。

# 中国似鸟龙

**拉丁名:** *Sinornithomimus*　　**拉丁名含义:** 中国的鸟类模仿者

**食性:** 杂食性　　**体长:** 约 2 米

**发现地:** 内蒙古阿拉善左旗苏红图　　**年代地层:** 上白垩统乌兰苏海组

**命名者:** 小林快次、吕君昌　　**命名时间:** 2003 年

---

### ◆ 特征

中国似鸟龙是小型杂食性恐龙, 属于兽脚类中的似鸟龙类。

它们体态轻盈, 身长约 2 米, 有着与身体不成比例、小巧玲珑的脑袋, 较短的脖子将两者相连, 再加上长长的双腿和尾巴, 特别像一只加上了长尾巴的鸵鸟。中国似鸟龙胃部发现有胃石, 这是它植食性的主要证据。不过, 中国似鸟龙吃植物种子果实的同时, 很可能也会捕食一些昆虫和小动物。

### ◆ 发现故事

中国似鸟龙的第一块骨头是中国古生物学家于 1978 年在内蒙古西部的苏红图

复原图

Chinese
Dinosaurs
中国恐龙

中国似鸟龙

地区发现的。1997 年，中日蒙联合探险队来到这里，发掘了一批恐龙化石。在这次发掘中，古生物学家吃惊地看到，一只成年中国似鸟龙和 13 只幼年中国似鸟龙被掩埋在一起，这些幼龙的体形基本一致，其中 9 个骨架几乎完整，而且没被压碎。这也使得中国似鸟龙化石成为已知最完整的似鸟龙类化石。不同年龄段的化石让古生物学家得以有条件研究中国似鸟龙的个体发育，他们发现随着年龄的增长，中国似鸟龙的奔跑能力变得更强。这批化石也是中国似鸟龙群居生活的有力证据。古生物学家根据这些化石推测，中国似鸟龙的成年个体会保护幼年个体，使得幼年个体存活率更高。这是对的吗？新的研究为这个推论打上了问号。

2001 年 4 月中旬，在龙昊地质古生物研究所所长、地质学家谭琳的带领下，一支中美联合恐龙探险队开进戈壁滩，对这个化石点展开更大规模的挖掘，很快，更多的中国似鸟龙化石便暴露出来。从沉积环境和双壳类化石来看，这个约 9000 万年前的骨床是一处古老湖泊的岸边，水体在此涨涨落落。

　　在推土机的帮助下，他们在 11 平方米的骨床中一共找到了 13 只中国似鸟龙的化石，算上前人的成果，这个骨床共发现了 25 只恐龙，平均每平方米就有 2 只。古生物学家在其中保存得最好的两只中国似鸟龙身上捕捉到了悲剧发生的瞬间。这两只面向同一方向，双腿深陷泥泞中，身体一上一下，侧翻在泥面上，似乎正在绝望地挣扎。它们保存得非常完整，只缺失腰带骨，很可能是死亡后被食腐者叼走了。不久后，随着湖水水体升高，泥沙将这个悲剧封印，经过数千万年后成为化石。

　　当化石运回实验室，完成清修后，古生物学家发现，这些新发现的中国似鸟龙的椎体与椎弓都没愈合，表明它们都是未成年个体。骨组织学的研究则显示，这些恐龙的年龄从 1～7 岁不等，大多数是 1～2 岁的小恐龙。中国似鸟龙大约要 10 年时间才成熟，这与大多数恐龙以及鳄鱼相似。在现生鸟类当中，多数小型鸟类在 1 年内便达到性成熟，大型鸟类，如鸵鸟，要 3～4 岁才达到性成熟。苏红图的新发现表明，亚成年中国似鸟龙很可能已经完全具备独自生活的能力，并不需要成年个体的照顾，成年个体更专注于求偶、筑巢、护窝、孵蛋等"龙生大事"。

# 临河爪龙

**拉丁名:** *Linhenykus*　　**拉丁名含义:** 临河的爪

**食性:** 肉食性　　**体长:** 约 70 厘米

**发现地:** 内蒙古巴彦淖尔　　**年代地层:** 上白垩统乌兰苏海组

**命名者:** 徐星 等　　**命名时间:** 2011 年

## ◆ 特征

　　临河爪龙是小型肉食性恐龙，属于兽脚类中的阿尔瓦雷斯龙类。我们前文说过，阿尔瓦雷斯龙类是兽脚类恐龙的一个分支，化石发现于亚洲、北美、南美和欧洲的许多地方。

　　临河爪龙的化石发现于内蒙古自治区巴彦淖尔市乌拉特后旗的巴音满都呼国家地质公园，包括零散的脊椎、前肢骨、不完整的腰带骨和近乎完整的后肢。临河爪龙身材纤细娇小，脑袋很小，前肢短而粗壮，手部仅有单指，腿很长。体重大约450 克，只有一只鸽子那么重。

　　临河爪龙个头虽小，但却隐含着非常重要的，关于恐龙前肢演化的大秘密。手指退化现象是演化生物学研究领域的一个热点研究方向。在脊椎动物中，许多不同脊椎动物支系都出现过手指退化现象，恐龙也是如此。早期的非鸟兽脚类，如始盗

龙有 5 个手指，到了晚期的暴龙却只有 2 个手指，另一个分支退化为 3 指，并最终演化成鸟类。临河爪龙代表了一种更加极端的情况，只剩下一个非常粗长的内侧指，这是世界上首次发现的只发育 1 个手指的恐龙。古生物学家认为，临河爪龙的发现揭示了兽脚类恐龙手部形态的多样性和复杂性。

从骨骼形态上看，临河爪龙是一种相对原始的阿尔瓦雷斯龙，但只有单指。在进一步演化的阿尔瓦雷斯龙中，除了强壮的内侧指外，它们还保留了 2 个非常小的手指。这就有些奇怪，按达尔文的适应性演化理论，生物结构的演化常常是线性的。照此推论，阿尔瓦雷斯龙的演化过程，本该是在内侧指更发达后，外侧才会完全消失。而临河爪龙的内侧指并不比演化程度更高的其他阿尔瓦雷斯龙的内侧指更发达，而外侧指却已经消失。这种演化现象表明，阿尔瓦雷斯龙手指的演化并非简单的线性演化（指物种演化是直线式的、先后有序的），而是中性演化（在分子水平上，绝大部分的变异都是中性或者近似中性的，并不带来明显的优势或劣势）和适应性演化相互作用的结果。这种退化现象在其他生物类群中也有出现，比如某些鲸类和蛇的后肢，这种高度退化的情况在演化过程中会随机保留或遗失。

那临河爪龙前肢上只有一个大手指，这有什么用呢？虽然临河爪龙的手指只有一根，但十分强壮，特别适合干挖掘或者撕裂工作，加上它们有着长长的颌部和微小尖利的牙齿，或许可以挖开虫穴，以群居昆虫为食，比如白蚁。古生物学家推测，临河爪龙所在的小生境（一种生物在生态系统中的行为和所处的地位）可能有点像现生的土豚或者食蚁兽。当然，与临河爪龙同时代的一些小蜥蜴、小哺乳类动物也很可能是它的美食。

# 乌拉特龙

拉丁名: *Wulatelong*　　拉丁名含义: 乌拉特的龙

食性: 杂食性　　体长: 约2米

发现地: 内蒙古巴彦淖尔　　年代地层: 上白垩统乌兰苏海组

命名者: 徐星 等　　命名时间: 2013年

## ◆ 特征

　　乌拉特龙是中等大小的杂食性恐龙，属于兽脚类中的窃蛋龙类。发现的化石标本是一件比较完整的骨骼化石，保存有大部分头骨和头后骨骼，包括背椎、尾椎、肩胛骨、胸骨、左肱骨、掌骨手骨、腰带骨和后肢。从脊椎的神经弓愈合程度看，这只乌拉特龙是一个成年个体。

　　古生物学家认为乌拉特龙的骨骼特征较为原始，具有一些其他窃蛋龙类成员不具有的祖征（分支系统学中，指在祖先分化成后裔的过程中由祖先遗留下来的性状），与更原始的窃蛋龙类相似，代表了窃蛋龙类中一个相对原始的属种，与它亲缘关系最近的是斑嵴龙。乌拉特龙的演化位置可能位于原始窃蛋龙类恐龙和其他特化的窃蛋龙类恐龙之间。

　　乌拉特龙是巴音满都呼地区恐龙动物群的一员。巴音满都呼地区位于内蒙古高原的西部，隶属于巴彦淖尔市乌拉特后旗。巴音满都呼地区发现了大量的恐龙化石，其中大部分化石主要产自于上白垩统乌兰苏海组。

　　近20年，巴音满都呼地区发现的恐龙类群共计近20个属，被称为巴音满都呼地区恐龙动物群。这个动物群与蒙古国南戈壁巴音扎克地区哲道哈达组的恐龙动物群十分相似，在白垩纪时期同处于一个沉积盆地。两个动物群的共有恐龙类群包括原角龙、绘龙、窃蛋龙和伶盗龙。不过，巴音满都呼地区发现了一些具有地方特色的恐龙属种，包括临河盗龙、临河爪龙和临河猎龙等。

　　巴音满都呼地区的上白垩统恐龙化石主要埋藏于风成砂岩以及湖泊三角洲沉积中，前者中保存的化石数量最多。风成砂岩是通过远古沙尘暴的沙丘移动而形成的，这是造成恐龙动物群集群死亡的主要原因，也是该区化石保存良好的主要原因。

# 曲剑龙

**拉丁名:** *Machairasaurus*　　　　**拉丁名含义:** 弯曲短剑的蜥蜴

**食性:** 杂食性　　　　　　　　　**体长:** 约 1.5 米

**发现地:** 内蒙古巴彦淖尔　　　　**年代地层:** 上白垩统乌兰苏海组

**命名者:** 尼古拉斯·郎里奇 等　　**命名时间:** 2010 年

### ◆ 特征

　　曲剑龙是小型杂食性恐龙，属于兽脚类中的窃蛋龙类。在 1988—1990 年，中国-加拿大恐龙计划考察队在中国内蒙古挖掘化石时，菲利普·柯里发现了一些窃蛋龙类的骨骼。不过这些化石比较零碎，直到 2010 年才研究完成并被命名为曲剑龙，正型标本保存有部分左前肢、2 个腕骨、完整的左手掌，以及数块零碎的脚掌骨。

　　曲剑龙的名字听起来很特别，其属名是指罗马时代的一种厚背且微弯曲的短剑，种名细爪曲剑龙（*M. leptonychus*）中的"细爪"指的是"修长的指爪"。这些都是指曲剑龙特殊的指爪。曲剑龙的手掌有 3 指，手指短且粗壮，内侧指爪较粗大，中间指爪较窄长，外侧指爪是最小的。这些指爪很长，长度是指爪关节宽度的四倍，侧面呈短弯刀状。

　　这些特殊指爪的大小比例不同于其他窃蛋龙类，这不免让古生物学家思考曲剑龙的觅食方式。他们认为曲剑龙的指爪难以用于捕抓猎物，反而是对吃植物的一种适应。比如它可能会用长指爪将树枝拉低，以便吃叶子；而较为弯曲、厚重的指爪，或许会被它用来挖掘土壤等。

# 伶 盗 龙

**拉丁名:** *Velociraptor*　　　　**拉丁名含义:** 聪明的盗贼

**食性:** 肉食性　　　　　　　　**体长:** 约 2.07 米

**发现地:** 蒙古南戈壁省、中　　**年代地层:** 上白垩统德加多克塔组、
　　　　　国内蒙古巴彦淖尔　　　　　　　上白垩统乌兰苏海组

**命名者:** 亨利·奥斯本　　　　**命名时间:** 1924 年

## ◆ 特征

　　伶盗龙是中型肉食性恐龙,属于兽脚类中的驰龙类。它和现代鸟类的关系非常密切,是世界上最著名的恐龙之一。伶盗龙是古生物学家了解程度相当高的一种恐龙,全球范围内发现化石数量较多,包括完整的头骨和头后骨架让古生物学家得以了解它们的方方面面。

　　伶盗龙的成年个体身长估计约 2.07 米,臀部高约 0.5 米,这个体型要明显小于其他大型驰龙类恐龙,例如 3.4 米长的恐爪龙。与其他驰龙类相比,伶盗龙具有相当长而低矮的头骨,长达 25 厘米,吻部向上微翘。它口中共有 52 ~ 56 颗牙齿,牙齿的间隔较宽,牙齿后缘有明显的锯齿。伶盗龙可能是有最多中文名字的恐龙,如迅猛龙、疾走龙、速龙、迅掠龙等等,但它正式的名字只有一个——伶盗龙。"伶"是聪明伶俐的"伶",盗是盗贼的"盗",它的拉丁名意思就是聪明的盗贼,这是因为伶盗龙的 EQ 值较高,这里的 EQ 值并不是情商(emotional quotient),而是脑化

复原图
Chinese
Dinosaurs
中国恐龙
伶盗龙

商数（encephalization quotient），也就是大脑容量与身体重量的比值。这是恐龙智力的主要估算方法，该值较高表明伶盗龙是比较聪明的恐龙。

伶盗龙有着大型、灵活的手部，手部有 3 根指，中间指最长，内侧指最短，它们的末端都有锋利且大幅弯曲的指爪。伶盗龙半月形的腕骨使其可以做出向内旋转、抓握的动作。伶盗龙的后肢修长，最显著的特点是在脚上的第二趾末端具有大型的镰刀状趾爪，外缘长度可达 6.5 厘米，搭配角质鞘，就像一把尖锐的匕首。有趣的是，伶盗龙平时会只用第三趾和第四趾走路，第二趾的"杀手爪"会向上后方收起离开地面，以保持其锋利。最初古生物学家认为这个"杀手爪"可以用来切开猎物的身体并掏出内脏。但"搏斗中的恐龙"（关于伶盗龙一件著名的化石标本，后详）表明，"杀手爪"更可能是用来刺穿猎物重要的器官，比如颈动脉、气管，而非用来切割。而且，进一步的观察也显示，伶盗龙的"杀手爪"内侧圆滑，并不锐利，并不适用于切割猎物的皮肤和肌肉。2011年的一项研究则提出这个"杀手爪"如果与强壮的前肢相配合，可以起到压制、固定猎物的作用。

伶盗龙的尾巴是硬邦邦的，尾椎的前关节突和骨化的肌腱使整条尾巴十分坚挺，前关节突从第10枚尾椎开始往前突出，像夹板一样支撑着前部的脊椎，这些结构使得整条尾巴在垂直方向上几乎不能弯曲。但古生物学家后来从一件完整的尾巴上发现，伶盗龙的尾巴可能可以在水平方向做S状弯曲，这显示了其良好的灵活性，有助于伶盗龙在高速奔跑时保持平衡和快速转向。

2007年，古生物学家在一只伶盗龙前臂的尺骨上发现了6个羽茎瘤（次级飞羽或初级飞羽通过韧带与骨骼相连接的地方，在相应骨骼上表现为小突起），鸟类骨头上的羽茎瘤是用于固定羽毛的，所以可推论伶盗龙的前臂上也有羽毛。现生鸟类的次级飞羽一般为10~20根。古生物学家推测伶盗龙的前臂着生有14根次级飞羽，这个数量在不同的恐龙身上也不同，比如始祖鸟至少有12根，小盗龙有18根，胁空鸟龙（*Rahonavis*）有10根。伶盗龙并无飞行能力，有古生物学家推测，这种羽茎瘤附着飞羽的存在可能意味着伶盗龙和其他驰龙类的祖先可以飞行，但后辈丧失了这种能力。不过其他观点则认为，伶盗龙演化出这类羽毛也许有别的用途，比如种群内进行展示炫耀，协助孵蛋，甚至在快速奔跑时协助保持平衡等。

## ◆ 发现故事

伶盗龙的模式种为蒙古伶盗龙（*V. mongoliensis*），发现于蒙古国。1999年，中国与比利时组成的联合考察队在中国内蒙古发现一个伶盗龙的上颌骨与泪骨，但形态特征与蒙古伶盗龙不完全一致。2008年，古生物学家帕斯卡·迦得弗利兹（Pascal Godefroit）等人将其命名为奥氏伶盗龙（*V. osmolskae*），种名中的"奥氏"是向波兰古生物学家哈兹卡·奥斯穆斯卡致敬。这是中国第一例伶盗龙化石的记录。

伶盗龙有一件化石特别有名，那就是"搏斗中的恐龙"。它是在1971年发现的，来自蒙古国。当年蒙古国和波兰组成联合考察队，考察蒙古国境内的恐龙化石，考察过程中，波兰科学家发现了这件化石。

这件化石的珍贵之处在于它同时保存了一只植食性的原角龙和一只肉食性的伶盗龙，两只恐龙扭打在了一起。所以这件化石的名字叫"搏斗中的恐龙"。伶盗龙的武器，主要是它第二趾上巨大的脚趾，在这块化石里，这脚趾狠狠地插入了原角龙的喉咙。原角龙的武器应该是它的嘴，原角龙的嘴很像鹦鹉嘴，是一个硬硬的喙，而且非常有力，化石里的那只原角龙紧紧地咬住了伶盗龙的前肢，让伶盗龙没法脱身。不管是伶盗龙，还是原角龙，两边肯定都不会先松手的，毕竟这是一场你死我活的决斗。一旦给对方机会，死掉的就是自己。然而这场战争最终也没有赢家，这两只恐龙一起死掉了。它们可能是因为双双失血过多而死，也可能是在它们放开对方之前，一阵很大的风刮过来，把一个沙丘刮塌了，将它们压在了下面。就这样，它们变成了化石。于是，这样一个进攻与防守的瞬间就被永远地定格下来。

现在，这件化石被看作蒙古国的国宝，甚至是国家名片，在2010年上海世博会上，这件化石曾由蒙古国运往中国展出。

我们知道，动物的活动模式有好几种，其中一种分为四种类型：昼行性（diurnal）：适于在白天的强光下活动，比如灵长类、有蹄类；夜行性（nocturnal）：适于在夜晚活动，如家鼠、蝙蝠；曙暮性（crepuscular）：适于黎明或黄昏的微光时分活动，比如貘类、狐蝠；还有一种是无固定性（cathemeral）：动物的觅食、行为跟白天黑夜没有关系，它们采取分段式睡眠，比如狮子。通过比较恐龙、现生鸟类与爬行类的巩膜环尺寸，古生物学家可以推断恐龙的活动模式，他们认为伶盗龙是夜行性动物，而原角龙可能属于无固定性。所以著名的"搏斗中的恐龙"，可能是发生在夜间或光线昏暗的时分。

伶盗龙是不是成群结队捕猎目前并没有定论，虽然一些影视作品热衷于强调这点。驰龙类以及更高一级的恐爪龙类，其集体猎食假说，目前共有两个证据：骨骼化石证据是数只恐爪龙化石与一只鸭嘴龙类的腱龙（Tenontosaurus）一起埋藏；足迹化石证据包括一例大型的和一例小型的恐爪龙类平行行迹。

在食谱方面，除了攻击原角龙，2012 年，古生物学家在一件伶盗龙化石的腹部发现了一块神龙翼龙类的骨骼。由于伶盗龙不会飞，这顿翼龙美餐很可能来自翼龙的尸体，这支持了驰龙类具有食腐行为，或机会主义掠食习惯。

## 临河盗龙

**拉丁名:** *Linheraptor*     **拉丁名含义:** 临河的盗贼

**食性:** 肉食性     **体长:** 约2米

**发现地:** 内蒙古巴彦淖尔     **年代地层:** 上白垩统乌兰苏海组

**命名者:** 徐星 等     **命名时间:** 2010年

### ◆ 特征

  临河盗龙是小型肉食性恐龙，属于兽脚类中的驰龙类。与其他驰龙类一样，临河盗龙身体轻盈，全身毛茸茸的，头骨修长，大大的眼眶，视觉十分敏锐，牙齿锋利，颈部弯曲呈S形，后肢细长，还有一条可以协助平衡身体的长尾巴。整体而言是非常灵活、善于奔跑的捕猎者。当然，临河盗龙有着驰龙类的典型特征，脚上第二趾爪非常大，长达7.5厘米，平时向上抬起而不接触地面，这个恐怖的"杀手爪"只在狩猎时使用。

  临河盗龙和发现于蒙古国的白魔龙（*Tsaagan*）有非常密切的亲缘关系，共有着一些特征，比如区别于其他驰龙类的大型前向的上颌孔。临河盗龙和白魔龙的猎物可能较为多样化，包括中小型角龙类、小型哺乳类、蜥蜴等等。

　　2008 年，古生物学家徐星研究员团队中的两位科学家在内蒙古巴彦淖尔临河区的一处沉积岩中发现了一具恐龙化石，化石暴露并不多，科学家打了一个大大的"皮劳克"将其带回了实验室。真正的惊喜其实是发生在实验室里，随着化石清修的进行，科学家发现它保存得相当完整，而且关节都彼此关联，大部分骨骼也没有

复原图

Chinese
Dinosaurs
中国恐龙

临河盗龙

被挤压变形，可能是目前世界上最完整的驰龙类化石之一。

徐星研究员等古生物学家研究后，认为这件标本是驰龙类的一个新物种，并于2010年将其命名为临河盗龙，模式种为精美临河盗龙（*L. exquisitus*），意为"精美、完好"，指其化石标本保存得十分精美。

### ◆ 趣事笔记

为什么临河盗龙的化石能保存得这么完好呢？这令人想起蒙古国的国宝——"搏斗中的恐龙"：一只伶盗龙正与一只原角龙厮杀，突然崩塌的沙丘把这个瞬间永久地保存了起来。临河盗龙可能也遇到了类似的情况，崩塌的沙丘或一场突如其来的沙尘暴，瞬间把它掩埋起来，直到今日。

# 临河猎龙

**拉丁名:** *Linhevenator*　　**拉丁名含义:** 临河的猎手

**食性:** 肉食性　　**体长:** 约 2 米

**发现地:** 内蒙古巴彦淖尔　　**年代地层:** 上白垩统乌兰苏海组

**命名者:** 徐星 等　　**命名时间:** 2011 年

## ◆ 特征

　　临河猎龙是小型肉食性恐龙，属于兽脚类中的伤齿龙类。临河猎龙的化石发现于巴彦淖尔乌拉特后旗，化石被发现之前曾有部分暴露于地表，遭受了风化和侵蚀。但即便如此，化石整体保存得仍不错，包括压碎的头骨与下颌、部分背椎、肩胛骨、肱骨、不完整的髂骨、股骨、接近完整的左脚掌，这具化石标本是目前已知最完整的上白垩统伤齿龙类化石之一。根据脊椎化石的椎弓愈合程度来看，这只临河猎龙已经成年。

　　临河猎龙的股骨化石长度约 24 厘米，推测其体长约 2 米，是伤齿龙类中相当大的了。和驰龙类相似，临河猎龙脚上的第二趾也有一个大型的、镰刀状的爪子，这只趾爪相当大，是已知的伤齿龙类中最大的。古生物学家认为这种现象表明伤齿龙类、驰龙类可能平行演化出了大型的镰刀状第二趾爪。

复原图

Chinese Dinosaurs
中国恐龙

临河猎龙

与其他伤齿龙类恐龙相比，临河猎龙的上臂强壮，前肢整体较短。古生物学家推测，临河猎龙较短的前肢可以协助其挖掘或攀爬。其较短的前肢表明伤齿龙类也具有前肢缩短的演化趋势，这在兽脚类恐龙中并不罕见，如暴龙类和阿尔瓦雷斯龙类等。

2011 年，古生物学家徐星等人研究后描述命名了临河猎龙，它的模式种名叫谭氏临河猎龙（*L. tani*），这个种名是为了致敬内蒙古自治区龙昊地质古生物研究所的谭琳研究员，以感谢他对内蒙古地区古生物学研究所做出的贡献。早在 1997 年，谭琳受内蒙古自治区地质学会的委托，组建了内蒙古地质学会地层古生物研究中心，也就是内蒙古龙昊地质古生物研究所的前身，专门进行古生物化石的保护与研究。谭琳为了组建这个研究中心付出了许多心血。

如今 20 多年过去了，在这期间研究所硕果累累，已经有了大量的新发现。这些新发现极大地丰富了内蒙古上白垩统的恐龙生物群，为中国、亚洲以及世界恐龙研究领域和恐龙生物演化领域提供了珍贵的资料。

# 菲利猎龙

**拉丁名：** *Philovenator*　　**拉丁名含义：** 菲利普的猎手

**食性：** 肉食性　　**体长：** 约 70 厘米

**发现地：** 内蒙古巴彦淖尔　　**年代地层：** 上白垩统乌兰苏海组

**命名者：** 徐星 等　　**命名时间：** 2012 年

## ◆ 特征

　　菲利猎龙是小型肉食性恐龙，属于兽脚类中的伤齿龙类。发现的化石是一具接近完整的身体骨骼。它的下颌牙齿排列紧密，并且有着镰刀般锋利的爪子，脚掌的骨头（跖骨）比大腿骨（股骨）长 25%，是一种凶猛、快速、敏锐的小型掠食者，捕猎那些比它更小的动物。

　　我们知道，伤齿龙类是兽脚类恐龙中最接近鸟类的类群之一，菲利猎龙是目前已知的上白垩统最小型的一种伤齿龙类，这一发现增加了上白垩统伤齿龙类的种群分异度和形态差异度。

复原图

Chinese
Dinosaurs
中国恐龙

菲利猎龙

　　1988 年，中国和加拿大联合考察队发现了一具小的恐龙化石标本，在最开始认为是蒙古蜥鸟龙（*Saurornithoides mongoliensis*）的未成年个体，但也伴随着一些疑问。后来随着古生物学家们对恐爪龙类形态学特征的认知不断更新，古脊椎所的古生物学家徐星研究员，以及他的研究团队又对该标本重新进行了研究，认为这具化石标本的形态更接近其所在地区的谭氏临河猎龙（*Linhevenator tani*），可能是一只谭氏临河猎龙的幼年个体，而非蒙古蜥鸟龙。可是化石标本后肢的许多特征显示出它和包括谭氏临河猎龙在内的其他伤齿龙类存在明显的区别。此外，古生物学家还利用骨组织学进行分析，发现其生长速度就是比较慢，而非其他较大恐龙的幼年个体。这一发现进一步确认了这个化石标本是一个全新的物种，因此古生物学家将其命名为菲利猎龙。

# 秋扒龙

**拉丁名:** *Qiupalong*　　**拉丁名含义:** 秋扒的龙

**食性:** 杂食性　　**体长:** 约 1.5 米

**发现地:** 中国河南、加拿　　**年代地层:** 上白垩统秋扒组、
大阿尔伯塔　　　　　　　　上白垩统贝利河群

**命名者:** 徐莉 等　　**命名时间:** 2011 年

## ◆ 特征

　　秋扒龙是小型杂食性恐龙，属于兽脚类中的似鸟龙类。秋扒龙的化石保存并不多，只有部分腰带骨和后肢骨。秋扒龙发现的意义主要是增加了似鸟龙类恐龙的地理分布范围，它是亚洲地区在戈壁以外发现的第一种似鸟龙类恐龙，同时也是亚洲发现的似鸟龙类恐龙中位置最靠南的，也就是说秋扒龙是似鸟龙家族最地道的"南方人"了。

　　与其他似鸟龙类一样，秋扒龙体态轻盈，有着小小的脑袋，修长的双腿和长长的尾巴，全身毛茸茸的，前肢较短，长度约为后肢的 1/3，样子看起来十分俊美。它可能以一些昆虫和小蜥蜴为食，也会被同时代的肉食性兽脚类恐龙当作盘中餐。

复原图

Chinese
Dinosaurs
中国恐龙

秋扒龙

### ◆ 趣事笔记

　　除了河南发现的秋扒龙以外，2017 年，古生物学家把在加拿大阿尔伯塔省发现的一具似鸟龙类化石也归入了秋扒龙。这只加拿大秋扒龙的地质年龄比河南那只秋扒龙早了 1000 万年，这会不会意味着秋扒龙等一些似鸟龙类是从北美洲扩散到亚洲的呢？

# 豫龙

**拉丁名:** *Yulong*　　　　**拉丁名含义:** 河南的龙

**食性:** 杂食性　　　　　　**体长:** 约60厘米

**发现地:** 河南栾川　　　　**年代地层:** 上白垩统秋扒组

**命名者:** 吕君昌 等　　　　**命名时间:** 2013年

## ◆ 特征

　　豫龙是小型肉食性恐龙，属于兽脚类中的窃蛋龙类。目前共发现5件化石标本，其中一件有头骨和下颌的完整骨架，一件有头骨和下颌的部分骨架，部分化石骨架，以及2个头骨化石。其中最完整的一件，从头的吻端至尾部末端总长约60厘米，而其他一些更小的个体只有25厘米长。

## ◆ 发现故事

　　2006年，一件小型窃蛋龙类化石在河南栾川盗龙发现点附近被发现，这件化石标本的发现让所有人都十分惊喜，因为它从头到尾的骨骼都保存得非常完整、十分精美。此前古生物学家在蒙古发现的窃蛋龙类体长都在1~2米及以上，而河南

复原图

Chinese
Dinosaurs
中国恐龙

豫龙

的这件窃蛋龙类化石标本仅长 60 厘米，或许是当前世界上已经发现的所有窃蛋龙类恐龙中最小的个体。相似的化石标本在 2007 年初接连被发现。2013 年，吕君昌等古生物学家将其命名为豫龙，属名是指其发现地河南省的简称"豫"，模式种名叫迷你豫龙（*Yulong mini*），种名意指这些豫龙化石标本的大小非常迷你。

◆ 趣事笔记

豫龙的发现为窃蛋龙类化石在中原地区的分布研究增加了新材料。虽然它的个体很小，但从骨骼构造来看，比如前部尾椎具有椎体侧孔等特征，表明它属于进步的窃蛋龙类。中国的窃蛋龙类主要分布在三个区域：北方地区（内蒙古、辽宁等）、南方地区（江西赣州、广东南雄等）和中原地区。中原地区窃蛋龙类的种类很少，但对这类恐龙的古地理分布和迁徙的研究起着十分重要的作用。

如此完整及数量较多的幼年窃蛋龙类化石，为研究窃蛋龙类的个体发育提供了重要信息。虽然它们的肢骨两端发育很好，但是通过对其骨骼显微结构的研究，证明这些小豫龙均小于 1 岁。在相距约 4 千米的两个地点发现的两只豫龙化石，它们的大小几乎一样，附近也没有发现成年个体化石，所以古生物学家推测它们或许是同一窝孵出的小恐龙，出生后就不需要父母照料了，自己主动觅食，自己照顾自己，为早熟性恐龙。当然它们也可能属于不同蛋窝的蛋，却在大致相同的时间孵出。

豫龙的发现还对窃蛋龙类生活习性的研究有新的启发，从豫龙的头骨各骨骼发育的顺序上看，左右两鼻骨首先愈合完全，而其他骨骼比如前上颌骨、顶骨等均没有愈合。鼻骨的早期愈合只发生在少数兽脚类恐龙中，这可以增加其咬合力。曾经有古生物学家推测说，窃蛋龙类食蛋、蛤蚌、坚果，以及其他较硬的食物，发现豫龙鼻骨的早期愈合，以提升咬合力的现象，从某种程度上印证了这种假说，甚至表明其幼年个体也需要更大的咬合力来帮助进食。

此外，古生物学家还对比了一批窃蛋龙类的后肢长度比例，发现其并不会随着生长而改变。古生物学家还认为，至少一部分窃蛋龙类可能没有迁徙的习惯，一直生活在相对固定的同一栖息地。

# 栾川盗龙

| | |
|---|---|
| **拉丁名:** *Luanchuanraptor* | **拉丁名含义:** 栾川的盗贼 |
| **食性:** 肉食性 | **体长:** 1.1 ~ 1.8 米 |
| **发现地:** 河南栾川 | **年代地层:** 上白垩统秋扒组 |
| **命名者:** 吕君昌 等 | **命名时间:** 2007 年 |

## ◆ 特征

　　栾川盗龙是小型肉食性恐龙，属于兽脚类中的驰龙类，是亚洲地区除戈壁和中国东北地区外的第一件驰龙类标本。

　　栾川盗龙的化石并不是很完整，包括一些独立的牙齿、额骨、脊椎、肋骨、肱骨、指骨及指爪、肩胛骨、部分腰带骨，以及其他零碎的骨头。栾川盗龙的髂骨长25厘米，古生物学家认为它可能是中国已知最大的驰龙类成员。另外，栾川盗龙的一些骨骼，如额骨似乎尚未完全愈合，这意味着它在死亡时还不是一个完全成熟的个体，因此可以推测它成年后体型还会更大一些。

　　河南省洛阳市栾川县的潭头盆地可以说是恐龙化石的"聚宝盆"。据初步统计，栾川县的秋扒乡—潭头镇一带约 10 平方千米的地方总共发现了 20 多个化石点，至少有 4 个化石层，化石非常密集。更密集的是古生物学家竟然在一处不到 50 平方米的地方发现了伤齿龙类、窃蛋龙类、驰龙类等恐龙化石，还有巨型蜥蜴类化石、早期哺乳类化石和至少 4 种不同类型的恐龙蛋化石。这里发现的化石物种都是上白垩统很有代表性的各个著名物种，其中驰龙类化石的代表就是栾川盗龙。

复原图

Chinese
Dinosaurs
中国恐龙

栾川盗龙

# 西峡爪龙

**拉丁名:** *Xixianykus*　　**拉丁名含义:** 西峡的爪

**食性:** 肉食性　　**体长:** 约50厘米

**发现地:** 河南西峡　　**年代地层:** 上白垩统马家村组

**命名者:** 徐星 等　　**命名时间:** 2010年

## ◆ 特征

　　西峡爪龙是小型肉食性恐龙，属于兽脚类中的阿尔瓦雷斯龙类，而且是阿尔瓦雷斯龙类的一种晚期演化支，是小驰龙类中的成员。它的近亲，小驰龙（*Parvicursor*）发现于蒙古国，体长约39厘米，是一种能快速奔跑的小恐龙。西峡爪龙是最古老的小驰龙类成员。它比小驰龙长一些，体长约50厘米，高约20厘米，也是体形最小的非鸟兽脚类恐龙之一。

　　西峡爪龙的化石缺少头骨，由部分头后骨骼，如后肢、腰带骨和脊椎组成，其骨骼的许多形态特点已经能看到晚期阿尔瓦雷斯龙类的影子了。

　　西峡爪龙的后肢约23厘米长，其中的股骨，也就是大腿骨较短，约7厘米长，小腿的胫跗骨较长，达9.1厘米，足部的跖骨也就是脚掌部分不完整，但也不短，第四跖骨长约6.8厘米，整体会更长一些。较长的胫跗骨和足部是善于奔跑的动物

的特征。而且，西峡爪龙还具有善于奔跑的兽脚类恐龙中常见的窄足型足部，两条长且纤细的大长腿表明西峡爪龙有很强的奔跑能力。

并没有发现西峡爪龙的前肢化石，不知其是否也跟阿尔瓦雷斯龙类那标志性的前肢一样奇怪，不过从分类位置上看，它应该也具有这种只有一个功能性的大爪的前肢。科学家们推测这种结构可能善于挖掘，比如用来挖土里的蚂蚁或者白蚁。

## ◆ 发现故事

西峡爪龙的发现颇具戏剧性。早些年，西峡县阳城乡刘营村周家沟自然村周边的百姓在当地恐龙蛋化石点偶然捡到了一团化石，化石里面有着类似骨头的长短不一的化石，当地百姓称其为"龙骨"。而后西峡恐龙蛋化石博物馆征集了这些"龙骨"，古生物学家徐星在访问博物馆时注意到了这件化石，它引起了他浓厚的兴趣，他和当地的古生物学家决定一同亲赴周家沟发现"龙骨"的地方挖掘。可惜的是在该化石的发掘点附近，他们没能找到余下的化石。

这件化石后来被命名为张氏西峡爪龙（*X. zhangi*），种名中的"张氏"是致敬中国地质古生物界的老前辈张文堂，因为张先生也是河南籍。

# 西峡龙

**拉丁名:** *Xixiasaurus*  **拉丁名含义:** 西峡的蜥蜴

**食性:** 不详  **体长:** 约 1.5 米

**发现地:** 河南西峡  **年代地层:** 上白垩统马家村组

**命名者:** 吕君昌 等  **命名时间:** 2010 年

## ◆ 特征

　　西峡龙是一种小型恐龙，属于兽脚类中的伤齿龙科，该科绝大多数为肉食性恐龙，但有学者认为西峡龙属可能偏向植食性。发现的化石标本包括一个几乎完整的头骨、部分下颌和牙齿，以及部分右前肢。正型标本的鼻骨还没有完全愈合，所以它可能是一个未成年个体。

　　作为伤齿龙类的一员，西峡龙与其他伤齿龙类的确切关系尚不清楚，但与发现于蒙古国的拜伦龙（*Byronosaurus*）有一些相似之处。从外观上看，西峡龙和鸟类很相似，身体轻盈。从它的伤齿龙类同类来推断，西峡龙脚上第二趾很可能也有一个大型的镰刀状"杀手爪"。西峡龙的头骨很长，鼻子又长又低，从下面看时呈逐渐变细的 U 形。它的颅腔很大，这是"高智商"的证据。它不同于其他伤齿龙类的地方在于，其下颌齿骨的前部向下弯曲，牙齿边缘没有锯齿，但牙齿的前后边缘光滑而锋利。而且它的上颌骨有 22 颗牙齿，与其他伤齿龙类都不一样。

　　牙齿边缘没有锯齿这一特征，使得西峡龙的食性成为古生物学家们讨论的重点。其中一些古生物学家认为它们仍旧是肉食性动物，而另一些则认为它们可能是杂食性或植食性的，锯齿的缺失正表明它们失去了食肉的能力。2015年的一项研究猜测，无锯齿的基干伤齿龙类是植食性的，而牙齿边缘有锯齿的更进步的伤齿龙类则是肉食或杂食性的。但不是所有的古生物学家都支持这个猜测。

复原图

Chinese
Dinosaurs
中国恐龙

西峡龙

# 贝贝龙

**拉丁名:** *Beibeilong*　　**拉丁名含义:** 贝贝的龙

**食性:** 植食性或杂食性　　**体长:** 成年后约 8 米

**发现地:** 河南西峡　　**年代地层:** 上白垩统高沟组

**命名者:** 蒲含勇 等　　**命名时间:** 2017 年

## ◆ 特征

　　贝贝龙是中型植食性或杂食性恐龙,属于兽脚类中的窃蛋龙类中的近颌龙类。贝贝龙是一个宝宝,因为它压根就没出壳。古生物学家根据其他大型窃蛋龙类,如巨盗龙的体型和蛋的大小比例推测,成年的贝贝龙可能体形巨大,体长可能约 8 米,外貌可参照巨盗龙等窃蛋龙类:脑袋短短高高的,有着坚硬的喙,脖子较长且弯曲呈 S 形,全身都披覆着羽毛,特别是前肢和尾巴上的羽毛会比较长,双腿纤细,能快速奔跑,并以植物种子、果实和一些小型动物为食。

## ◆ 发现故事

　　这件化石的发现与研究故事非常精彩。1992 年底到 1993 年初,河南省西峡县

复原图

Chinese
Dinosaurs
中国恐龙

贝贝龙

阳城乡赵营村向东约 2 千米的黑猫沟山坡上，一位农民在挖土的时候发现了几颗奇怪的恐龙蛋化石。它们特别大，形状就像胖一些的法棍面包，40 ~ 45 厘米长，15 厘米宽。

在恐龙蛋的分类中，这种大型恐龙蛋被称为巨型长形蛋（*Macroelongato-olithus*），是世界上发现的最大的恐龙蛋之一。它们通常在蛋巢中排成一个巨大的环形，直径 2 ~ 3 米，一窝蛋可能有 24 颗以上。多年来，什么恐龙会产下如此大的蛋一直是个谜。由于在河南也发现过暴龙类这种大型兽脚类恐龙，因此人们最初认为这些蛋可能是暴龙类恐龙产下的。

这些大型的恐龙蛋被化石商人购买后辗转出售到美国，最终由美国化石商人查尔斯·麦戈文（Charles Magovern）购得。他意外地发现了蛋中有一些细小的骨头，这显然是小恐龙的胚胎。1996 年，这窝恐龙蛋和胚胎登上了《美国国家地理》杂志封面，读者从来没有看到过这么大的恐龙宝宝，于是轰动了世界。美国人喜欢给一些特别的化石起昵称，因为该文的摄影师是路易·皮斯霍斯（Louie Psihoyos），因此化石被昵称为"路易贝贝"（Baby Louie）。路易贝贝到底是什么龙的宝宝呢？由于它个头太大了，最初被认为可能是暴龙类恐龙的宝宝，后来又有一些古生物学家认为它应该属于镰刀龙类。1998 年，著名恐龙学家、加拿大阿尔伯塔大学教授菲利普·柯里认为路易贝贝是一个窃蛋龙类胚胎的骨骼化石，但当时世界上并没有发现过这么大型的窃蛋龙。

到了 2001 年，美国印第安纳波利斯儿童博物馆的馆长杰弗里·帕琴（Jeffrey H. Patchen）从麦戈文手中买下了路易贝贝，并在博物馆里展示。在此期间，两个事件的发生促使这个事情产生新的进展。第一件事，中国取得了一个令人兴奋的发现：2007 年，古生物学家徐星发表了世界上最大的巨型窃蛋龙化石——巨盗龙，并推测其成年个体体长约 8 米，重约 1.4 吨。第二件事，中国在促成这些被走私出境的化石归国的行动中不断取得新的进展。早在购买化石的时候，帕琴就对人称"中国龙王"的董枝明研究员承诺，路易贝贝标本只是暂时在美国进行展览，总有一天，它应该回归它的故乡。为了自己的这句承诺，帕琴分别于 2002 年、2006 年和 2009 年来到中国，先后到北京、内蒙古、四川自贡、云南、浙江、上海、辽宁大连、广东广州等地考察，为路易贝贝找寻安家的场所，但由于各方面的条件都不太合适，事情一直没有进展。直到 2010 年，帕琴仍然没有为化石找到合适的新家。就在这时，菲利普·柯里教授通过吕君昌向河南省地质博物馆发出了邀请，他认为如果能让路易贝贝回到它"出生"的地方，应该是最美好的事情。

经过美国印第安纳波利斯儿童博物馆和河南地质博物馆的洽谈，双方在 2012 年 9 月 6 日正式签订了捐赠协议。2013 年 12 月 19 日，路易贝贝终于回到了中国，并在郑州的河南地质博物馆展出，同时双方开始合作研究这窝化石。2015 年，加拿大阿尔伯塔省的卡尔加里大学的古生物学家达拉·泽莱尼茨基（Darla

Zelenitsky）和中国古生物学家吕君昌等人来到了路易贝贝的发现地点，发现了与路易贝贝相同的蛋壳，初步证实了化石的发现地。2017 年，这件化石的研究终于完成，化石也正式被命名为贝贝龙。

## ◆ 趣事笔记

贝贝龙是非常著名的恐龙蛋化石，你可以在河南地质博物馆看到这件化石标本。标本非常漂亮，整块标本的长度为 68 厘米，宽度为 47 厘米，重 78.5 千克，可以看到三颗大型的恐龙蛋整齐地排列在一起，在这三颗的右上方，还能看到一些属于另一颗蛋的、不完整的蛋壳散落着，可这些都还不是最令人惊讶的。最令人吃惊的是，在三颗排列整齐的蛋上方，有一具清晰的小恐龙的骨骼，它保持着向右侧卧的姿势，小小的身子静静地蜷缩着。

中国恐龙蛋化石的产地大约有 70 多个，遍布 17 个省（自治区）。而在众多恐龙蛋化石产地中，位于河南南阳地区的西峡盆地，是最著名的产区之一，这里也是贝贝龙（路易贝贝）的家乡。西峡盆地的恐龙蛋化石分布范围很广，在西峡盆地中部的蛋化石密集带，以阳城为中心向东至赤眉西，向西至回车东，绵延 17 千米以上，整个西峡盆地恐龙蛋化石分布区域面积达到了 200 平方千米。

西峡地区的恐龙蛋化石种类丰富，从直径 4 ~ 6 厘米的像鸡蛋一样大的恐龙蛋，到直径 40 ~ 50 厘米，甚至 50 厘米以上的恐龙蛋都能找到。从埋藏的地层来看，西峡的产蛋层高达 20 ~ 30 层。有古生物学家据此估计整个西峡盆地的恐龙蛋有近 100 万颗，当然，这是一个粗略的估计，实际上没有挖出这么多化石。

西峡盆地的恐龙蛋为什么这么多呢？古生物学家认为可能有以下几个原因。

首先，恐龙具有极高的产蛋率。这是恐龙为适应当时的生态环境，形成的繁殖后代的生理机能。西峡盆地内成窝的蛋化石一般每窝 10～20 颗，少数在 5 颗左右，多者达到 53 颗。

　　其次，恐龙具有群居或杂居，并同在某个时期内产卵的习性。盆地中常见不同类型成窝的恐龙蛋化石在同一层面上存在，这表明恐龙有群居或杂居的生活习性，而且在特定时期内产卵。

　　最后，快速埋藏是恐龙蛋化石保存的根本条件。恐龙一般会选择阳光充足、地表相对平坦的洪泛平原、洪泛盆地，以及滨浅湖盆的边沿部分作为产卵场所，但是，这些区域也很容易被洪水袭扰，突如其来的泥沙可能会将正在孵化的成窝恐龙蛋迅速掩埋。当这些恐龙蛋被沉积物掩埋后，西峡盆地内地壳保持了相对稳定的地质环境，蛋化石并未受到严重的破坏，基本完整地保存了下来。

# 山阳龙

**拉丁名:** *Shanyangosaurus*　　**拉丁名含义:** 山阳的蜥蜴

**食性:** 肉食性　　**体长:** 约 1.5 米

**发现地:** 陕西商洛　　**年代地层:** 上白垩统山阳组

**命名者:** 薛祥煦 等　　**命名时间:** 1996 年

## ◆ 特征

　　山阳龙发现于陕西商洛市山阳县，是小型肉食性恐龙。山阳龙的化石只有一些来自后肢的骨骼，古生物学家根据其股骨和脚部骨骼的特征，将其归入兽脚类中的虚骨龙类。由于化石信息实在太少，更加具体的分类位置目前还不能确定。山阳龙的模式种名为牛蒡沟山阳龙（*S. niupanggouensis*），种名中的"牛蒡沟"是化石的发现地点。

# 南雄龙

**拉丁名:** *Nanshiungosaurus*　　**拉丁名含义:** 南雄的蜥蜴

**食性:** 植食性或杂食性　　**体长:** 4 ~ 5 米

**发现地:** 广东南雄、甘肃酒泉　　**年代地层:** 上白垩统南雄群

**命名者:** 董枝明　　**命名时间:** 1979 年

## ◆ 特征

　　南雄龙是一种中等大小的植食性或杂食性恐龙，属于镰刀龙类。目前发现的化石有颈椎、背椎、荐椎和尾椎，以及大型的腰带骨。这批来自广东南雄的化石被命名为短棘南雄龙（ *N. brevispinus* ），种名中的"短棘"意为这种恐龙的背椎有着粗短的神经棘。尽管还没有更多的化石，但是作为镰刀龙类的一员，南雄龙应该和它们的邻居一样，脑袋小小，"大腹便便"，用前肢大型的指爪讨生活。最初的古生物学家认为南雄龙会像现在的棕熊一样，以在河边捕食鱼类为生。

　　酒泉肃北县公婆泉盆地也发现过南雄龙，被古生物学家命名为步氏南雄龙（ *N. bohlini* ）。不过，步氏南雄龙的化石也很不完整，只有一些椎体，具体的分类还需要古生物学家们进行更多的研究。

复原图

Chinese
Dinosaurs
中国恐龙

南雄龙

# 河源龙

拉丁名: *Heyuannia*

拉丁名含义: 来自河源

食性: 杂食性

体长: 约 1.5 米

发现地: 广东河源

年代地层: 上白垩统南雄群

命名者: 吕君昌

命名时间: 2002 年

## ◆ 特征

　　河源龙是一种小型杂食性兽脚类恐龙，属于窃蛋龙类，它们是中国发现的首例窃蛋龙科恐龙。河源龙的脑袋很小，吻部陡直的特征使它们的头部看起来非常圆润。它们的手臂及手指很短，第二指已经退化，拥有一双肌肉发达的大长腿，整体形态看起来十分像现代的不飞鸟类。河源龙没有肉食性恐龙那样的尖牙，没有蜥脚类那庞大的体形，也没有剑龙、甲龙那样的装甲，所以在遇到天敌的时候，可能只能三十六计走为上，用快速奔跑来逃避天敌的猎杀。

　　有趣的是，人们还在河源发现了数量十分丰富的窃蛋龙类蛋化石，由于当地只发现过河源龙这一种窃蛋龙类，所以古生物学家推测这些蛋的妈妈很可能是河源龙。这些恐龙蛋化石呈长椭圆状，表面布满了凹凸不平的花纹。2017 年，古生物学家有了一个非常有趣的发现，他们研究出了这些蛋的颜色。

　　我们知道，蛋壳的颜色和三种色素有关，分别是原咯紫质、胆绿素以及胆绿素和金属的螯合物。其中，原咯紫质可以产生黄色、粉红色、棕色蛋壳，胆绿素则产生蓝色及绿色的蛋壳。这三种色素的化学结构十分类似，都是由四分子的单咯结构形成的，它们就像色彩的三原色一样，按不同的比例混合就会产生不同颜色的蛋。

　　古生物学家正是利用化学分析来检测河源龙蛋壳上胆绿素和原咯紫质这两种色素的痕量组成，结果发现了一种不同寻常的蓝绿色。古生物学家推测该色可能是一种保护色，可以掩饰恐龙们在地面上裸露的开放式蛋巢。此次发现颠覆了一个传统观念——在这之前几乎所有人都以为恐龙蛋是白色的。此外，科学界也一直认为有色蛋只在鸟类间演化，且为现代鸟类的特征，因此蓝绿色恐龙蛋的新发现也将恐龙与鸟类的关系拉得更近。

人们曾在河源市郊黄沙村发现了 6 个河源龙个体化石，它们的许多骨骼保持关联，有着相同的骨骼特征，这说明它们生前遭遇了同样的经历——一起群体死亡事件。这也证实窃蛋龙类是一种群居性的动物。

河源恐龙博物馆目前已经收藏了一万多颗恐龙蛋，这些不同类型的恐龙蛋被摆成了一组组大的方阵，场面非常壮观，甚至创造了吉尼斯世界纪录，而河源龙的模式种名为黄氏河源龙，该名也正是为了致敬河源恐龙博物馆的前馆长黄东先生。

有意思的是，窃蛋龙之前只在蒙古国境内戈壁被发现过，直到 1999 年，人们才在广东发现了河源龙，窃蛋龙家族的分布才从"区域性小家族"拓展到了"广泛性大家族"。这种化石发现地的南北呼应也使人们对于窃蛋龙类的古地理分布有了更深入的了解。

# 虔州龙

**拉丁名:** *Qianzhousaurus*　　**拉丁名含义:** 虔州的蜥蜴

**食性:** 肉食性　　**体长:** 约 7.5 米

**发现地:** 江西赣州　　**年代地层:** 上白垩统南雄群

**命名者:** 吕君昌 等　　**命名时间:** 2014 年

## ◆ 特征

　　虔州龙是一种大型肉食性恐龙，属于暴龙类。目前只发现了一具不完整的化石标本，包括一个几乎完整的头骨和一侧下颌骨、颈椎及背椎椎体、部分尾椎以及后肢骨骼等。它们具有一些明显的特征，比如：鼻骨上长有一排角状结构，可能有种内识别或搏斗的作用；前上颌骨非常短小，长度约占整个头骨基部长度的 2.2%，而其他暴龙类这一数值为 4.3% ~ 4.6%；腰带中髂骨的外表面缺少垂向的脊。

　　虔州龙虽然属于上白垩统的暴龙类，但与其他的暴龙亲戚们差别较大。第一，它们的体形相对于晚期壮硕的类型，显得较为细瘦狭长，行动也更为迅速灵活。第二，与传统的短而高、具有更强大咬合力及粗大牙齿的暴龙相比，虔州龙具有更长的吻部和窄长的牙齿。所以古生物学家给虔州龙起了一个"匹诺曹龙"（匹诺曹，童话人物，小木偶匹诺曹一说谎鼻子就会变长）的昵称。

## ◆ 发现故事

　　虔州龙化石的发现十分偶然：2010 年 9 月，在江西赣州南康的一个工业园施工之际，一名工人用挖掘机在土地中碰到了一种坚硬的物体。多年的工作经验告诉他这可能是一次施工事故，若严重的话可能还会导致工期延长，于是他匆忙下车观察情况。这一看便有了今天人们所熟知的虔州龙——那个坚硬的物体正是虔州龙的骨骼化石。之后，当地的博物馆得到了这批化石，经过一系列的清修工作，最终将其中较大的兽脚类恐龙化石清修完成。该恐龙化石的完整度为 40%。

值得一提的是，虔州龙的名字采用了赣州的古称"虔州"，之所以用古称，是因为赣州、江西等名字都已经被其他恐龙"抢"走了，不过这也说明该地区发现恐龙的种类十分丰富。

古生物学家曾在蒙古国发现同为长吻的暴龙类——分支龙，不过分支龙的化石并不是一个成年个体。因此有古生物学家怀疑，这种长吻可能是当地暴龙类一个未成年阶段的特征，长吻会随着年龄的增长发育成高而强壮的头骨。但虔州龙的标本为几乎成年的个体，并且大部分骨骼连在一起，且保持完好——因此可以肯定，长吻暴龙类确实存在过。

虔州龙的发现表明，长吻暴龙类是白垩纪晚期分布在亚洲的独特种类，虽然它们的体形比暴龙细瘦，但更敏捷且更具隐蔽性。不过这对同一地质层位发现的窃蛋龙类来说不是一个好消息。虔州龙的捕食方法可能和暴龙类恐龙的捕食方法并不相同。它们窄而长的头骨导致自身没有那么巨大的咬合力，不能直接咬碎猎物的骨头，但可以更快速地开合，且攻击范围更远，搭配灵活的身躯及锋利且数量众多的刀片状牙齿，这让它们可以更有效地追击逃跑中的猎物。

# 江西龙

**拉丁名:** *Jiangxisaurus*　　**拉丁名含义:** 江西的蜥蜴

**食性:** 杂食性　　**体长:** 约 2 米

**发现地:** 江西赣州　　**年代地层:** 上白垩统南雄群

**命名者:** 魏雪芳 等　　**命名时间:** 2013 年

## ◆ 特征

　　江西龙发现于江西省赣州市龙岭镇的一处建筑工地,而后被河南地质博物馆征集。在赣州地区及其南部的南雄盆地,古生物学家发现过大量的窃蛋龙类化石和恐龙蛋。江西龙便是窃蛋龙类恐龙中的一员,是小型杂食性恐龙。它的化石并不完整,缺失腰带骨和后肢,头骨受挤压破碎严重,但下颌比较完整。江西龙头骨长 15 厘米,可能是一个亚成年个体。和其他大多数窃蛋龙类家族的成员一样,江西龙没有牙齿,就像一只大火鸡似的。江西龙在骨学特征上与河源龙(*Heyuannia*)相似,但前爪更加弯曲,下颌骨更薄、更弱,下颌联合部有一个弱的下翻。

# 南康龙

**拉丁名:** *Nankangia*　　**拉丁名含义:** 南康的

**食性:** 杂食性　　**体长:** 约2米

**发现地:** 江西赣州　　**年代地层:** 上白垩统南雄群

**命名者:** 吕君昌 等　　**命名时间:** 2013年

## ◆ 特征

　　南康龙是一种小型的杂食性恐龙，属于兽脚类中的窃蛋龙类。南康龙的样本比较少，目前仅发现了部分下颌、部分椎骨和股骨，以及一些其他部位的骨骼化石。与其他多数窃蛋龙科的成员下颌吻端向下翻转不同，南康龙下颌吻端基本平直。下翻的吻端意味着此处可能存在角质喙，可以用来撕扯坚韧的植物（或其他硬物），因此常被当成植食性恐龙的特征之一，除了窃蛋龙类，镰刀龙类、似鸟龙类也有，如果缺乏这个结构，比如吻端平直，就表明嘴巴没有喙或是喙部比较弱，只能吃比较柔软的东西，比如某些植物的叶片或水果，如果吃纤维较多的植物则比较困难。

　　值得一提的是，作为窃蛋龙家族的一员，它们也应该同样是带羽毛的恐龙，不过由于保存条件的原因，南康龙等来自江西赣州地区的窃蛋龙类恐龙们都没有羽毛的痕迹保存下来。

### ◆ 发现故事

　　南康龙的发现故事和另一种肉食性恐龙——长鼻子的虔州龙，有着密切的关系。而虔州龙的化石是 2010 年 9 月在南康龙岭工业园中的一片工地上意外暴露的，此后，工人们经过几个小时的挖掘，最终发现 5 大块和 20 多个小块岩石上都有骨骼化石。从 2012 年 10 月开始，专业的化石清修团队历时近 3 个月，从这堆岩石中修复出了一大一小两具恐龙化石。在这对恐龙化石"搭档"中，体形较小的那具窃蛋龙类恐龙化石就是南康龙，而体形较大的那具恐龙化石正是当时该地区的顶级掠食者——虔州龙。古生物学家们依据两具恐龙化石混杂在一起的情况，推测出了当时的生动情景——作为掠食者的虔州龙正在捕食一只可怜的南康龙，而就在这千钧一发之际，突然发生了不可阻挡的地质灾害，将它们一起埋葬，而这对"有缘分"的"搭档"经过数千万年的变化，最终形成化石被发掘出来呈现在世人面前，让世人对中生代已经灭绝了的恐龙家族有了更深的认识和较为直观的感受。

# 斑嵴龙

**拉丁名:** *Banji*　　　　**拉丁名含义:** 有带斑点的顶饰

**食性:** 杂食性　　　　**体长:** 约 65 厘米（幼年）

**发现地:** 江西赣州　　　　**年代地层:** 上白垩统南雄群

**命名者:** 徐星、韩凤禄　　　　**命名时间:** 2010 年

## ◆ 特征

　　斑嵴龙是一种小型杂食性兽脚类恐龙，体态轻盈，属于窃蛋龙类。其正型标本化石是一个小脑袋，包括几乎完整的头骨和下颌。这个小脑袋的头骨高耸，这是明显的窃蛋龙类恐龙的特征。不过有趣的是，斑嵴龙头上有一个脊冠，从骨学上来说，是前上颌骨和鼻骨共同参与组成的。脊冠并不是很光滑，两侧装饰有一系列垂直的沟槽和许多倾斜的条痕，上面还有一些十分明显的气腔窝。此外，它们的鼻孔特别长——从鼻下窝上部开始，沿着脊冠，经过眶前孔，最后一直延伸到眼眶前。

　　古生物学家认为，斑嵴龙腭部和下颌的一些特征不同于窃蛋龙科的其他属种，反而近似于更原始的窃蛋龙类，于是推测斑嵴龙是窃蛋龙科中相对原始的一个属种。

　　值得一提的是，人们发现的这只斑嵴龙是一只幼年恐龙，古生物学家推断它身

长约 65 厘米，有着纤细的双腿和优雅的尾巴，可能以昆虫或者其他小型动物为食，同时也要时刻担心着当时大中型掠食性恐龙的捕杀，避免成为它们的"盘中餐"。

### ◆ 发现故事

像赣州地区的许多恐龙化石一样，斑嶙龙化石的真实产地有待商榷，这是因为该地区的恐龙蛋和恐龙化石都是在近十年的城市基础建设大潮中发现的，而且大部分化石也流入民间，其中一部分被科研机构获得，并且得到了研究，另一部分则不知所向。而科研机构获得的那一部分化石都已经转手多次，化石的真实产地便无从得知，这对古生物学工作而言是一个非常大的损失。

# 赣州龙

**拉丁名：** *Ganzhousaurus*　　**拉丁名含义：** 赣州的蜥蜴

**食性：** 杂食性　　**体长：** 约 2 米

**发现地：** 江西赣州　　**年代地层：** 上白垩统南雄群

**命名者：** 王烁 等　　**命名时间：** 2013 年

## ◆ 特征

　　赣州龙是一种小型杂食性兽脚类恐龙，属于窃蛋龙类。其化石保存得较差，只有不完整的下颌，3 枚互相关联的后部尾椎，不完整的左髂骨，右胫骨中段，关联的右足（包括 3 个跗骨和不完整的趾骨区）。但这些骨骼依然展现出一些有趣的特征，比如下颌吻端稍有下弯，这个特征与蒙古国的可汗龙（*Khaan*）相似，但和下颌前端强烈下翻的耐梅盖特母龙（*Nemegtomaia*）和河源龙则差异明显，这其中可能隐含着食性的差异，强烈下翻的结构表明恐龙更擅长对付坚硬的、多纤维的植物。此外，赣州龙没有演化出善于奔跑的兽脚类恐龙中常见的窄足型足部，这个特征其实在大多数窃蛋龙类中都存在，但也有例外，比如单足龙（*Elmisaurus*）和纤手龙（*Chirostenotes*）等。

　　在具体分类上，赣州龙属于窃蛋龙类中的窃蛋龙科，但在窃蛋龙科中的具体位置并不确定，古生物学家倾向于将其作为纤手龙的姐妹类群。根据已经发现的化石

复原图

Chinese
Dinosaurs
中国恐龙

赣州龙

和它的分类位置，我们可以推断，赣州龙如同其他窃蛋龙科恐龙一样，体形小巧，有着小小的脑袋，较短的前肢，以及很长的后肢，身上长有羽毛，从整体来看宛如一只大鸟。赣州龙可能会以植物的种子和果实，甚至一些小型动物为食，是个杂食主义者。

### ◆ 发现故事

赣州龙发现于江西省赣州市南康区的一处建筑工地，此外在赣州市还发现了许多窃蛋龙类恐龙，例如江西龙、斑嵴龙、南康龙等，它们共享着同一个栖息地。

# 盗王龙

拉丁名: *Raptorex*　　　　拉丁名含义: 盗贼之王

食性: 肉食性　　　　体长: 约 2.5 米

发现地: 中国或蒙古国　　　年代地层: 白垩统地层不明

命名者: 保罗·塞里诺 等　命名时间: 2009 年

## ◆ 特征

　　盗王龙是较小型的肉食性恐龙，属于兽脚类中的暴龙类，目前只有一件化石，其体形并不大，只有 2.5 米长，化石的主人可能在 6 岁时死亡，古生物学家推断如果成年它能成长到约 2.7 米长。

　　盗王龙最重要的特征，是其身体比例和外形都与较为进步的晚期暴龙类的未成年个体比较接近，但它却生活在早白垩世。这表明暴龙类在早白垩世就已经演化出上白垩统那样"酷炫"的外形：大大的头骨、有 2 指的小短手、1 对大长腿。这个结论与过去的研究成果相矛盾，过去我们认为早白垩世的暴龙超科都是头骨不大、前肢长，且有 3 指的恐龙。

复原图

Chinese
Dinosaurs
中国恐龙

盗王龙

## ◆ 发现故事

　　盗王龙的化石来源可谓是历经波折，其分类也颇有争议。根据古生物学家彼得·赖森的追溯与探索，这具化石先是由一个化石商人在日本东京卖给了一个美国商人，而后这个美国商人将其带回美国，在一场交易会上卖出。又经过了多次转手交易后，眼科医生兼化石收集家亨利·克里斯坦获得了这具化石，并将其捐给了古生物学家保罗·塞里诺，并告诉塞里诺这具化石发现于中国东北的义县组，后来被走私出境。经过正式研究、命名后，塞里诺将化石交给了中国古生物学界，目前这具化石存放在内蒙古的龙昊地质古生物研究所。

现在，越来越多的研究者质疑盗王龙的生存年代和地点。他们认为盗王龙不是生存于早白垩世，而是上白垩统。盗王龙有可能是特暴龙的幼年个体，化石来自蒙古国，而不是中国。它可能只有 3 岁，是蒙古国并不那么罕见的幼年特暴龙。研究者们到底谁对谁错，恐怕要等特暴龙和暴龙科的成长模式研究清楚之后才能判断了。

## ◆ 趣事笔记

科学家们一般会通过辨别化石层及其上下地层的特征，来确定恐龙的生活年代，而如果像盗王龙化石这样，我们不清楚其具体发现地层，就非常麻烦。一个可能的办法是寻找化石围岩中其他生物的化石，用它们的信息来帮助推断恐龙生活的年代。

第二章

# 蜥脚类

# 蜀 龙

拉丁名: *Shunosaurus*　　拉丁名含义: 蜀的蜥蜴

食性: 植食性　　体长: 9.5 ~ 12 米

发现地: 四川自贡　　年代地层: 中侏罗统下沙溪庙组

命名者: 董枝明　　命名时间: 1983 年

### ◆ 特征

　　蜀龙是一种中型蜥脚类恐龙,四川古称"蜀",蜀龙发现于四川自贡大山铺,其名字便来源于此。蜀龙的种名是李氏蜀龙,"李氏"是为了纪念战国时期秦蜀郡太守、都江堰修建者——李冰。

　　与禄丰龙等早侏罗世的基干蜥脚形类恐龙相比,蜀龙的脖子更长,它们有 12 枚颈椎,长度占身体全长的 1/3,但如果与同期发展起来的长颈蜥脚类恐龙相比,它们的脖子则要短得多。古生物学家认为,蜀龙身上既有原始古蜥脚形类的特征,也有蜥脚类的特征,也就是说,它们带有这两类具有亲缘关系的植食性恐龙的过渡特征,属于过渡类型的动物。这对于蜥脚形恐龙演化史的研究具有重要意义。

　　由于体形的限制,蜀龙以较低处的植物为食,把林木顶部的针叶留给了身材高大的其他蜥脚类亲戚。和其他蜥脚类恐龙一样,为了更好地进食,蜀龙也发育出一

Chinese
Dinosaurs
中国恐龙

蜀龙

套专用的"工具",它们口中几十颗牙齿相当结实:牙齿长8厘米,上部呈圆柱状,下部即齿冠呈匙状,边缘没有锯齿,这样的牙齿是进食粗糙植物的好帮手。

蜀龙最特别的地方是尾巴上的尾锤。此前,人们在全世界其他地方发现的其他蜥脚类恐龙中还没有见到过这种尾锤。尾锤的发现,改变了人们此前认为蜥脚类恐龙并不具备自卫能力的判断。蜀龙的尾锤位于尾巴末端,有一个由4枚尾椎愈合、膨大而形成的锤状物,是蜀龙的"撒手锏"。目前发现最完整的尾锤来自一个未成年个体,长度约17厘米,而且蜀龙的尾巴特别强壮,所以"锤子"抡起来之后威力非常大。

那么,这枚尾锤有什么用呢?原来,蜀龙这类中型蜥脚类恐龙既没有庞大的身形,可以让残忍的掠食者望而却步,又没有其他植食性恐龙的奔跑速度,可以把天敌远远地甩在身后，所以，为了防御敌人，蜀龙不得不发展出自己独特的防御武器——生长在尾巴末端的骨质尾锤。这个呈椭圆球状的武器简直就是为它们量身定做的独门武器啊！这样的"流星锤"挥动起来，足以使一些肉食恐龙望而却步。说不定，同一个地点发现的肉食性恐龙——气龙，就曾经做过蜀龙的锤下之鬼。

## ◆ 发现故事

　　蜀龙的化石发现算是一个意外。1972 年 8 月，一支地质队在大山铺附近进行地质勘探。一天下班之后，几位工程师出去散步，在一个山包上发现了恐龙化石，不过对于专注于找矿的地质学家来说，恐龙化石需要消耗大量人力物力来挖掘和研究，大家也就没有太重视这片恐龙化石的聚集地。

　　7 年后的 1979 年，四川省石油管理局川西南矿区的施工人员来到了大山铺附近，准备把这里的山包炸平，建一个停车场。于是，当大山铺的山包随着一声声巨响崩裂的时候，藏在这里的化石秘密也同时被揭开——到处是化石，大的小的，碎的完整的，足足有上万块，铺得满地都是。这引起了大批古生物学家的关注，要知道，在那次炸山之前，中国发现的所有恐龙化石加在一起，可能也没有这一次炸出来的多。

　　1979—1982 年，古生物学家花了 3 年时间来清理这些化石。他们总共清理出来 40 吨化石，共计 8000 多件，有体形非常大的化石，也有小型恐龙的化石。更让人惊叹的是这些化石种类非常齐全，除了各种陆生肉食、植食性恐龙之外，连天上飞的翼龙类、水里游的蛇颈龙类爬行动物也有。

　　在这些化石里面，蜀龙占据了大部分。这说明蜀龙在侏罗纪的四川是优势的植食性动物。在大山铺，人们大概挖到了 40 多只大小不同的蜀龙的化石，这么多的化石让古生物学家们可以清晰地复原蜀龙的全身骨骼，透彻地了解这种恐龙。

# 秀龙

**拉丁名:** *Abrosaurus*　　**拉丁名含义:** 精致的龙

**食性:** 植食性　　**体长:** 约9米

**发现地:** 四川自贡　　**年代地层:** 中侏罗统下沙溪庙组

**命名者:** 欧阳辉　　**命名时间:** 1989年

## ◆ 特征

　　秀龙又译为文雅龙,是一种中型植食性蜥脚类恐龙,属于大鼻龙类。秀龙的正型标本化石是一个保存良好的颅骨化石,其他标本则包括一个较为破碎的头骨的脑颅部分。所有的秀龙化石都发现于四川自贡的大山铺,目前均保存在当地的自贡恐龙博物馆中。

　　秀龙的头骨又扁又长,长度是高度的2.5倍。它们的头上有几个明显的开孔,外鼻孔、眶前孔、眼眶和下颞孔都很大,这使得它们的头骨整体结构很轻巧。其外鼻孔位于头骨中前部上方,呈长椭圆形,是头骨中最大的一对开孔。秀龙的鼻梁高高凸起,是头上最高的地方。此外,它们嘴巴里面的牙齿较多,都是典型的勺状齿,前上颌骨有5颗牙齿,上颌骨有15～17颗,下颌齿骨有16～18颗。

　　由于只单独保存了秀龙的头骨,古生物学家不清楚与之匹配的身体骨骼到底是

什么样子的。在大山铺恐龙动物群中，目前已经发现了多种蜥脚类，其中除了李氏蜀龙具有与头后骨骼关联的头骨外，其余几种均无关联保存的头骨，尤其是该动物群中发现较多的天府峨眉龙、巴山酋龙等。有古生物学家认为秀龙的头骨与马门溪龙很相似，所以，有些古生物学家推测秀龙的头骨可能就属于马门溪龙类的峨眉龙的头骨。

秀龙的模式种为东坡秀龙（*Abrosaurus dongpoi*），种名中的"东坡"是纪念生于四川的北宋文学家苏东坡，如此看来，秀龙也算是一只"有文化"的恐龙呢。

# 巧龙

**拉丁名：** *Bellusaurus*　　**拉丁名含义：** 美丽的蜥蜴

**食性：** 植食性　　**体长：** 约 5 米（未成年）

**发现地：** 新疆昌吉吉木萨尔　　**年代地层：** 中—上侏罗统石树沟组

**命名者：** 董枝明　　**命名时间：** 1990 年

## ◆ 特征

　　巧龙是一种中型植食性蜥脚类恐龙，由于发现的化石都是未成年个体，巧龙化石要比其他蜥脚类恐龙化石小巧得多，脖子也短，体长约 5 米，这比现生最大的陆生哺乳动物——体长 6～7.5 米的非洲象还要小一圈。古生物学家推断成年巧龙的体形会更大，或许能达到 15 米，并且拥有一个更长的脖子。巧龙的脑袋也不大，长度不超过 20 厘米，口中的牙齿小小的，呈勺状。

　　2010 年，古生物学家莫进尤对巧龙的骨骼形态特征进行了详细的描述和分析。分支系统分析结果表明，巧龙代表了一系统关系与新蜥脚类（Neosauropoda）较为接近的真蜥脚类（Eusauropoda）恐龙，比阿根廷的巴塔哥尼亚龙（*Patagosaurus*）原始，但比峨眉龙和马门溪龙进步，与西班牙的露丝娜龙（*Losillasaurus*）形成姐妹群。2018 年，新的研究表明，巧龙属于基干大鼻龙类（basal macronarian）或新蜥脚类的近亲。

Chinese
Dinosaurs
中国恐龙

巧龙

新疆昌吉东部吉木萨尔县喀拉麦里山区有大面积的中生代地层，东西长约 200 千米，南北长约 50 千米。从 1928—1931 年中国瑞典联合西北科学考察团开始，古生物学家在这片区域找到了大量的化石，包括鱼类、两栖类、龟鳖类、蜥蜴类、鳄形类、翼龙类和恐龙等。其中不少化石来自中—上侏罗统石树沟组。

1982—1983 年，古脊椎所的考察队在石树沟化石点采集到一批蜥脚类恐龙的材料，包括头骨碎片和牙齿，以及一些头后骨骼化石。古生物学家董枝明于 1990 年命名了这批材料：苏氏巧龙（*B. sui*）。种名中的"苏氏"是向恐龙清修与装架专家苏有玲先生致敬——巧龙是他生前修复的最后一只恐龙。

在这个化石坑中，古生物学家根据左肩胛骨的数量推测共有 17 只巧龙的遗骸。2003 年，在同一化石坑中，一支中美联合考察队又采集到数个个体，这使得埋藏在此的巧龙数量超过 24 只。但令人吃惊的是，所有这些骨骼中，荐椎和部分尾椎的椎体与椎弓关联保存，但未完全愈合，这表明这些恐龙都属于未成年个体。它们很可能群居生活，最终被一次大洪水夺去了生命。

# 大夏巨龙

**拉丁名:** *Daxiatitan*　　**拉丁名含义:** 大夏的巨物

**食性:** 植食性　　**体长:** 约 30 米

**发现地:** 甘肃永靖　　**年代地层:** 下白垩统河口群

**命名者:** 尤海鲁 等　　**命名时间:** 2008 年

## ◆ 特征

　　大夏巨龙是一种大型植食性蜥脚类恐龙，属于巨龙形类，它们的化石完整度很高，包括颈椎、背椎、荐椎和近端尾椎、肩胛骨、乌喙骨、右股骨等，是亚洲发现的最大恐龙化石之一。

　　恐龙中的长脖子明星是马门溪龙，马门溪龙是世界上脖子最长的恐龙之一，它们体长约 22 米，而由 19 枚颈椎构成的脖子可以占到身长的 1/2。大夏巨龙也有一个长脖子，如果颈椎也是 19 枚的话，脖子长度估计可达 12.5 米，也就是说大夏巨龙光脖子就足足有两只长颈鹿的身高那么长。

　　不过，大夏巨龙最吸引人之处并非它们的长度，而是它们的股骨。大夏巨龙股骨上的股骨髁结构表现出强烈的外走式，也就是俗称的"外八字脚"。这就意味着大夏巨龙留下的足迹可能可以与刘家峡恐龙足迹群中的蜥脚类足迹对应起来！这有助于古生物学家了解那些大幅度外偏足迹的主人是谁，在足迹学中是非常难得的。

Chinese
Dinosaurs
中国恐龙
大夏巨龙

## ◆ 发现故事

　　值得一提的是，大夏巨龙的化石挖掘过程十分艰难。2007 年 6 月，古生物学家李大庆率领的考察队于甘肃永靖县附近的一个山坡上发现了恐龙的股骨化石。化石露出很小，每挖掘 1 米就必须先要清理掉 19 立方米的黄土，工作量非常大。考察队顺着露出的恐龙股骨化石向山体内挖掘，随后挖掘出的是尾椎。可惜的是，尾椎只剩了两块，其余的都风化了。随后又发现了恐龙的荐椎，然后是背椎、颈椎，之后是肩胛骨。正当考察队的队员们兴奋至极以为将要看到恐龙的头骨时，大家发现了一个令人失望的事实：到了第 10 枚颈椎的时候，便再也找不到化石了，恐龙的头骨消失了。不过虽然没有头骨，大夏巨龙的完整度在巨龙类当中也已经非常罕见了。

# 永靖龙

**拉丁名:** *Yongjinglong*　　**拉丁名含义:** 永靖的龙

**食性:** 植食性　　**体长:** 15 ~ 18 米

**发现地:** 甘肃临夏　　**年代地层:** 下白垩统河口群

**命名者:** 李大庆 等　　**命名时间:** 2014 年

### ◆ 特征

　　永靖龙是一种大型植食性恐龙，属于蜥脚类中的巨龙形类。2019 年古生物学家研究后将其归入巨龙形类中盘足龙科（Euhelopodidae）。人们发现的永靖龙化石包括 3 颗牙齿、8 个椎体、左侧肩胛乌喙骨、1 根背肋，以及右侧尺骨和桡骨。其中前上颌骨牙齿最长，达 14.2 厘米，像一把小勺子一样。颈椎和前部背椎的气腔化很明显，这是巨龙类减轻体重的好办法。永靖龙的肩胛骨和乌喙骨部分愈合，肩胛乌喙骨长达 1.94 米，肩胛骨骨板的两侧几乎平行，只是在末端略有变大，这个特征不同于其他大多数巨龙类恐龙。从骨骼的愈合程度看，永靖龙还未完全成年，成年之后它们的体形想必还要更大一些。

*Chinese Dinosaurs*
中国恐龙

*永靖龙*

## ◆ 发现故事

　　永靖龙的模式种为大唐永靖龙（*Y. datangi*），其中属名指的是化石发现地甘肃省永靖县，同时也是刘家峡恐龙国家地质公园所在地；种名"大唐"有两个含义，一是指中国唐朝，二是为了向我国恐龙研究学者唐治路先生致敬。

# 扶绥龙

**拉丁名:** *Fusuisaurus*  **拉丁名含义:** 扶绥的蜥蜴

**食性:** 植食性  **体长:** 约 22 米

**发现地:** 广西扶绥  **年代地层:** 下白垩统那派组

**命名者:** 莫进尤 等  **命名时间:** 2006 年

## ◆ 特征

扶绥龙是一种大型的蜥脚类恐龙,属于基干巨龙类,人们发现的扶绥龙化石包含破碎的头后骨骼、腰带骨、尾椎、肋骨,以及部分大腿骨。巨龙类恐龙的特点就是身材巨大,扶绥龙也不例外,它们的肱骨长达 1.8 米,古生物学家推测其体长约 22 米。同时古生物学家还认为扶绥龙缺乏很多其他巨龙类的进步特征,比如背肋缺失气腔结构,前部尾椎关节面为微弱的双凹型等,所以它们属于很原始的巨龙类。古生物学家由此提出巨龙类可能起源于亚洲的观点。

虽然其化石不多,但古生物学家确信扶绥龙是史前广西恐龙中的大个子,它们这种体形使其几乎没有天敌,它们每天"起床"后就是慢悠悠地进食,慢悠悠地散步,偶尔踩倒几棵树,周而复始。如果有掠食者试图攻击它们,那么它们强壮的前肢和长长的尾巴都可以轻易地赶走对方。

　　扶绥龙与我国的其他大部分巨龙类恐龙不一样，其他该类恐龙多数发现于北方，而扶绥龙是地地道道的"南方龙"，其种名是赵氏扶绥龙（*F. zhaoi*），2006 年由古生物学家莫进尤等人命名，其中的"赵氏"是向已故的中国古生物学家赵喜进致敬。

复原图

Chinese Dinosaurs
中国恐龙
扶绥龙

# 汝阳龙

**拉丁名:** *Ruyangosaurus*　　**拉丁名含义:** 汝阳的蜥蜴

**食性:** 植食性　　**体长:** 约 30 米

**发现地:** 河南汝阳　　**年代地层:** 下白垩统郝岭组

**命名者:** 吕君昌 等　　**命名时间:** 2009 年

## ◆ 特征

　　发现于河南汝阳地区的汝阳龙是中国的蜥脚类恐龙中目前个体最大的恐龙。汝阳龙属于巨龙类,和它们的邻居们——黄河巨龙、岘山龙与云梦龙同属于白垩纪洛阳盆地的蜥脚类动物群。

　　汝阳龙非常巨大,其最大的一枚颈椎长 1.24 米,最大的背椎椎体宽 61 厘米,这比阿根廷龙还大 10 厘米,荐椎椎体宽 68 厘米,为迄今已知最大的荐椎;荐椎区连同髂骨宽 2.1 米,前后长 1.37 米,是迄今世界上发现的最宽的荐椎区之一。由于缺失一些颈椎和尾椎,汝阳龙的确切体长并不清楚。古生物学家做出的最保守的估计中,汝阳龙身长也有 30 米左右。部分古生物学家根据其股骨和胫骨的长度估计,汝阳龙可以达到 35 米。河南地质博物馆中复原后的骨架长度为 38.1 米,肩部高 6 米,是已知世界上复原装架最粗壮、最重、最大的恐龙之一。

　　发掘汝阳龙化石的过程跌宕起伏。最初在 2006 年 2 月，河南地质博物馆的工作人员在汝阳地区开展了恐龙化石调查与勘探发掘工作，从此掀开了河南恐龙化石发掘研究的新篇章。其中就包括一个"中原龙"的发掘行动，9 月 13 日，"中原龙"的化石挖掘现场来了一个当地村民，他告诉工作人员十几年前村里开挖水渠时曾发现过化石，前几年在村庄西南加固水渠时又发现了一些，同时他还随身带来了一件碎块化石。领队贾松海立即让村民带着发掘队伍前去查看。大家勘察了发掘队现场之后，发现化石已经在地表出露，于是决定立即挖掘。

　　没想到，发掘之后出现了新的问题：这竟然是一块非常大的化石，从地表一直向下延伸！从挖露出来的外形来看，它更像是一个石化的树干。这会是动物的骨骼吗？到底属于何种生物？它究竟会有多长？种种疑问萦绕在发掘队每个队员心头。如果不是化石，既耽误了"中原龙"的发掘工作，又浪费了宝贵的时间和经费，是不是值得深挖下去呢？领队贾松海决定继续挖掘：一方面，放过任何一个化石点都很可惜；另外一方面，即使挖出来的是硅化木，对于展览和研究也有一定的价值。

　　两个月之后，11 月 14 日，二号挖掘点"中原龙"化石的施工也告结束，挖掘人员把视线转移到了发现巨型恐龙腿骨的化石点。从北京远道而来的恐龙专家董枝明研究员和唐治路老师对这个巨龙腿骨化石点做了仔细勘察，一致认为这里会有更多化石，可以进一步追踪发掘：这么大的腿骨，不可能单独存在；并且从周围的种种痕迹来看，这里没有经过剧烈的地质活动，找到恐龙其他骨骼的可能性很大；此外土壤下层质地较细，恐龙化石附近是砂岩透镜体（河床沉积的主要沉积物是砾石等粗碎屑物质，砂和粉砂质较少，往往局部集中堆积，形成断续分布的透镜状形态），说明这块化石是被水冲过来的，这里曾有古河流流过。于是，研究人员按照力学规律，在原来大腿骨的大头所指的方向上，展开了搜寻工作。终于，挖掘队在距离大腿骨两三米的地方，又发掘出几个不完整的颈肋骨化石。在挖掘两天后，挖掘队又挖露出一块大一些的化石：长 65 厘米、宽 40 厘米，据初步鉴定，有可能是恐龙椎体。但在接下来的 40 多天里，挖掘队并没有新的收获。在围绕巨型腿骨发现点的近两个月的挖掘中，共人工挖掘、回填土石方约 150 立方米，收获"皮劳克"化石包 9 块，重约 1 吨。发掘出的化石经清修，整理出包括颈椎椎体、背椎椎体、完整的股骨、背肋碎块、颈肋碎块等部位。

经过前两次的发掘，古生物学家对挖出来的化石做了综合分析，认定这条恐龙属于蜥脚类恐龙。在此后的一年多时间里，张兴辽和贾松海等人，又多次到汝阳走访，经过反复论证，确定了下一步的发掘计划，打算在一些区域采用挖掘机、推土机来扩大工作面。这次重启的搜寻中，发掘队员在原来那块大腿骨的东北方向挖到了肋骨和相连的椎体化石。

2008 年深冬，研究人员将新发现的化石用麻袋沾石膏整个包裹住，运出了化石点。就这样，一条埋没在时间洪流中的巨龙走出了地底，来到世人眼前。数年之间，在这个化石点挖掘出的化石包总重 50 多吨，8 个修复人员花费了 3 年多时间进行修复，共修复出大小化石 268 块，其中包括颈椎、背肋、背椎、荐椎、尾椎、肩胛骨、股骨、胫骨和肱骨等，共计 36 件化石属于巨型汝阳龙。

# 苏尼特龙

拉丁名: *Sonidosaurus*　　　拉丁名含义: 苏尼特的蜥蜴

食性: 植食性　　　体长: 约9米

发现地: 内蒙古二连浩特　　　年代地层: 上白垩统二连组

命名者: 徐星 等　　　命名时间: 2006年

## ◆ 特征

　　苏尼特龙是一种中等大小的植食性恐龙，属于巨龙类。苏尼特龙的化石并不完整，包括五枚背椎、最后一枚荐椎、一枚前部尾椎、一些背肋、一个前部脉弧、部分髂骨、部分左耻骨和一对坐骨。苏尼特龙体长约9米，和其他上白垩统的巨龙类，比如动辄二三十米的阿根廷龙、潮汐龙等大家伙相比，苏尼特龙的体形要小很多。

## ◆ 发现故事

　　苏尼特龙的发现十分意外。2004年，内蒙古龙和二连龙接连的两个重大发现，引起了很多媒体的极大兴趣。中央电视台为了报道内蒙古龙和二连龙，专门派摄制

组来到二连浩特。可惜的是当时的发掘工作已经结束，只有用"再现"的方法才可以完成拍摄。但是为了真实起见，摄制组想让工作人员去寻找与镰刀龙类恐龙比较相似的恐龙化石。

正当工作人员寻找镰刀龙类的相似化石时，意外发生了：人们发现了一块非常奇特的恐龙化石。而这里恰巧是 1959 年中国和苏联联合考察时挖掘过的地方。当时的苏联专家为了方便挖掘化石，便用推土机推去表层土壤，没想到由于这里的恐龙化石埋藏比较浅，不少恐龙化石因此被破坏。巧合的是，这块恐龙化石正好处于当时推土机推过的两道痕迹之间，这才幸免于难。

之后古生物学家徐星对这些恐龙化石进行了仔细研究，并于 2006 年发表了研究文章，将这只恐龙命名为赛罕高毕苏尼特龙（*S. saihangaobiensis*），属名"苏尼特"表示这具恐龙化石出土的地点位于二连盆地的苏尼特草原，模式种名中的"赛罕高毕"则是指化石点所在的小地名。

# 华北龙

**拉丁名:** *Huabeisaurus*    **拉丁名含义:** 华北的蜥蜴

**食性:** 植食性    **体长:** 17～20 米

**发现地:** 山西天镇    **年代地层:** 上白垩统灰泉堡组

**命名者:** 庞其清、程政武    **命名时间:** 2000 年

## ◆ 特征

　　华北龙是一种大型植食性恐龙,属于盘足龙类。人们发现的华北龙化石包括牙齿、脊椎骨、肩带、腰带骨,以及四肢骨骼等。作为蜥脚类恐龙家族的一员,华北龙也是一个庞然大物,它们有着长长的脖子,身长约 20 米,头高约 7.5 米,背高也有近 5 米,走起路来气宇轩昂。华北龙的牙齿呈钉状,齿冠很高,这样的牙齿可能便于它们从一个角度快速地剥下树枝上的叶子。

　　华北龙的种名为不寻常华北龙,为什么取名"不寻常"呢?第一个不寻常是因为它们出土的地质时代不寻常,这件化石被发现的时候,中国上白垩统的蜥脚类恐龙化石还很少;第二个不寻常是化石特别完整,古生物学家推断其化石完整率超 70%,不少骨骼的关联度还很不错,如 20 多枚尾椎都是连在一起的。目前华北龙的装架模型陈列在河北地质大学地球科学博物馆四楼的恐龙展厅。

Chinese
Dinosaurs
中国恐龙

华北龙

## ◆ 发现故事

　　华北龙的发现十分具有戏剧性。20 世纪 80 年代初，在阳原以东的张家口万全县（今万全区）洗马林发现过恐龙化石，在阳原以西的山西左云、右玉一带也曾发现过恐龙化石。在阳原北部一带，分布着可能存在恐龙化石的大片红色地层。于是1983 年，中国地质科学院专门研究古脊椎动物和恐龙的专家程政武找到河北地质学院（现河北地质大学）的庞其清，邀他一起"去阳原一带看看"，一起找找化石。不过刚开始考察并不顺利，程政武和庞其清在最初的一周内主要在侏罗系的地层中寻找化石，但没有任何收获。

　　这时神奇的事情发生了。就在他们计划打道回府的前一天晚上，两人又一次拿出地质图。程政武突发奇想指着地图上的一小块地方说道："这个地方是白垩系的地层，咱们要不也去看看？"第二天，两人在该地区搜索，仍然没有任何进展，而后驱车来到一个叫灰泉堡的村子，眼前绵延的山脉挡住了去路，两人一边打听，一边进山察看地层。突然，程政武指着远处红色山坡上几个裸露的白点说："你看那有没有可能是化石？"庞其清一看，回应说："可能是！"便三步并作两步先跑过去，惊呼道："是化石，是化石！老程快来看是不是恐龙的？""应该是恐龙！"程政武兴奋地回答。于是，两人便用随身带的铁锤，敲下了裸露在地表的白色团块，又用铁锤向山里刨挖了 1 米多深，挖到了 3 节保存完好的有神经脊的尾椎。而这，便是今天躺在博物馆沙盘里的华北龙的 3 枚尾椎。

不过更多的发掘是在多年后展开的。1988 年秋天，当时位于张家口宣化的河北地质学院正准备搬迁到省会石家庄。按规划，新校址建设时要筹建一座博物馆，要能有恐龙化石镇馆就更好了。校领导想起庞其清 1983 年的发现，主动找上门来。人们在随后的几年间陆续有针对性地进行了 5 次挖掘，采集到各类恐龙化石，其中一具保存较好的大型蜥脚类恐龙骨架化石被命名为华北龙。当时华北龙的发现填补了我国在恐龙时代最末期——上白垩统没有较完整蜥脚类恐龙化石的空白。

第三章

# 基干新鸟臀类

# 晓龙

**拉丁名:** *Xiaosaurus*　　**拉丁名含义:** 黎明的龙

**食性:** 植食性　　**体长:** 约 1 米

**发现地:** 四川自贡　　**年代地层:** 中侏罗统下沙溪庙组

**命名者:** 董枝明、唐治路　　**命名时间:** 1983 年

◆ **特征**

　　晓龙是一种小型植食性鸟臀类恐龙，发现于著名的侏罗纪骨床——四川自贡大山铺。晓龙的体态轻盈，身材娇小，它们有着小小的三角形脑袋，以及呈佛手状非常精致的牙齿，这种形态的牙齿是进食植物的绝佳帮手。

　　晓龙的化石并不完整，其正型标本包括一小块残破的上颌骨，1 颗完整的上颌齿，2 枚颈椎以及 4 枚尾椎。

　　由于化石过于破碎，古生物学家一直无法确定它们的分类。古生物学家们最初将晓龙归于鸟臀目的法布尔龙科中。晓龙有一段时期被认为是疑名（一个分类群不确定的分类单元，在古生物中，疑名通常是因为其化石太少，缺少独特的诊断特征），后来古生物学家认为它们的肱骨近端较直，是独有的特征，而且肱骨相对较长，肱骨与股骨长度之比为 0.79，这些区别于同一地点相同层位出土的灵龙和何信

禄龙。因此，晓龙保住了自己的名字，同时它们自己的"寻亲之路"也有了一些眉目和希望。

从晓龙的同类来推断，为了抵御同时期的肉食性恐龙，晓龙可能也有修长的双腿和长长的尾巴，前者十分适合奔跑，后者可以起到平衡身体的作用。

复原图

Chinese
Dinosaurs
中国恐龙

晓龙

# 何信禄龙

拉丁名: *Hexinlusaurus*　拉丁名含义: 何信禄的蜥蜴

食性: 植食性　体长: 约 1.7 米

发现地: 四川自贡　年代地层: 中侏罗统下沙溪庙组

命名者: 保罗·巴雷特　命名时间: 2005 年

### ◆ 特征

　　何信禄龙是一种小型植食性恐龙。它们的小脑袋上最引人注目的是大大的眼眶，这表明它们有发达的视力。何信禄龙的嘴巴前面有角质喙，便于切割食物，上颌每一侧的牙齿达 18 颗，牙齿上有 6~7 个边缘锯齿，这都是觅食的好帮手。人们发现的化石有 2 件，其中正型标本是一具近乎完整的关联骨架，包括头骨、部分下颌，荐前椎、荐椎、前部 14 枚尾椎及大部分肢带骨骼；副模标本是一具不完整的、各部分骨骼已分散的个体，包括基本完整的上、下齿列。

### ◆ 发现故事

　　何信禄龙发现于四川省自贡市大山铺，前身是盐都龙，种名为"多齿"，指其

牙齿较多，该名是由成都理工大学的何信禄和蔡开基在 1983 年命名的。后来的古生物学家认为这些多齿盐都龙的化石有独到的特征，可属于一个新物种，于是命名为何信禄龙，属名"何信禄"是向最初的化石研究者的名字致敬。多齿何信禄龙最初归于鸟脚类中的棱齿龙类，更新的研究则认为它们属于基干新鸟臀类。

第四章

# 鸟脚类

# 热河龙

**拉丁名:** *Jeholosaurus*  **拉丁名含义:** 热河的蜥蜴

**食性:** 植食性或杂食性  **体长:** 约 70 厘米

**发现地:** 辽宁北票  **年代地层:** 下白垩统义县组

**命名者:** 徐星 等  **命名时间:** 2000 年

## ◆ 特征

热河龙是一种小型植食性恐龙，属于鸟脚类。其正型标本包括一个近乎完整的头骨、关联的颈椎、破碎的荐椎、关联的部分尾椎，以及 2 个后肢。热河龙的小脑袋长约 6 厘米，眼睛很大，眼眶长度约是头骨长度的 40%，而吻部较短。它们的前上颌骨有 6 颗牙齿，这些牙齿窄长且弯曲，边缘没有锯齿，而后上颌骨至少有 13 颗牙齿，这些牙齿要小一些。同时，热河龙的眶后骨和轭骨上存在一些疙瘩状的结节。

热河龙和鹦鹉嘴龙作为体形较小的恐龙，可能共享着同一个栖息地，甚至可能像现在非洲草原上的羚羊和斑马一样，混杂着生活在一起。也有古生物学家认为热河龙是杂食性动物，以植物、昆虫、小动物为食。

　　热河龙的发现和鹦鹉嘴龙有着密切的关系。1999年下半年或更早，辽宁省朝阳北票市上园镇陆家屯一带就开始大量出土鹦鹉嘴龙化石。当地老乡很快就发现，这些一坨坨的小恐龙除了鹦鹉嘴龙外，还有一种不太一样的小型恐龙。这批恐龙化石都发现于凝灰岩层中，很可能是遭遇火山爆发，而被火山灰所掩埋，因此保存良好。到了2000年，古生物学家徐星等学者将这些不太一样的小恐龙命名为上园热河龙（*J. shangyuanensis*），种名"上园"是以化石发现地上园镇为名。至于属名"热河"，就非常有讲究了：热河龙来自著名的早白垩世热河生物群。我国辽宁西部地区是整个热河生物群分布的中心，保存了独特而完整的中生代陆相地层，其中细腻如脂的页岩等含火山灰的沉积保存了一个举世罕见的化石宝库，又被古生物学家们称作"中生代的庞贝城"。由于频繁的火山活动，动植物周期性地被火山喷出物与河流、湖泊的沉积物所覆盖，保存了大量极为精美的化石。同时不仅仅是骨骼，连非常罕见的羽毛和其他皮肤衍生物、胃石和胃中的食物亦时有发现。

　　值得一提的是，各种各样带有羽毛的毛茸茸的恐龙一直是古生物界的明星，而它们便全都来自热河生物群。可以说，热河生物群的存在与发现，是古生物学家们研究古生物、古环境的一块绚丽多姿的"瑰宝"。

# 兰州龙

**拉丁名:** *Lanzhousaurus*　　**拉丁名含义:** 兰州的蜥蜴

**食性:** 植食性　　**体长:** 约10米

**发现地:** 甘肃临洮　　**年代地层:** 下白垩统河口群

**命名者:** 尤海鲁 等　　**命名时间:** 2005年

## ◆ 特征

　　兰州龙是一种大型植食性鸟脚类恐龙，它们体态笨重，有着粗壮的四肢和尾巴。目前发现的化石包括不完整的下颌骨、若干孤立的牙齿、6枚颈椎、8枚背椎、2块胸骨、一些肋骨和2个耻骨。兰州龙的下颌长达1米，每侧有14个齿槽。兰州龙最显著的特征就是其巨大的牙齿，它们的单颗牙齿最大的宽7.5厘米，长14厘米，是世界上已知植食性恐龙的牙齿中最大的。

　　值得一提的是，分支系统分析显示兰州龙和非洲早白垩世的沉龙（*Lurdusaurus*）关系密切。它们代表了鸟脚类恐龙演化过程中一个四足行走、体形笨重的分支。古生物学家推断兰州龙生活的兰州-民和盆地，那里气候温暖湿润，植物以蕨类植物和裸子植物为主，非常适合兰州龙生存，兰州龙的高大身材也使其能够吃到中等高度的枝叶。

1999 年，古生物学家李大庆带领考察队在甘肃临洮中铺进行野外考察时，于接近山顶的下白垩统地层中发现了恐龙化石。这次野外考察一共收集到 100 块左右的骨骼化石，其中最为明显的化石很像恐龙的肋骨，一根肋骨就有将近 1 米长，不过限于野外的条件，大家无法准确判断该化石属于什么种类的恐龙。之后，人们将这些骨骼化石带回实验室进行研究。

古生物学家尤海鲁当时根据牙齿等化石的形态初步判断其为鸟脚类恐龙，但让他感到困惑的是，这些牙齿化石和常见的鸟脚类恐龙的牙齿完全不一样——之前发现的早白垩世鸟脚类恐龙的牙齿一般只有 3～4 厘米长，可是这次发现的一颗上颌牙齿化石竟然长达 14 厘米，宽 4 厘米，是目前已经发现的植食性恐龙中牙齿最大的。

针对这一奇怪的现象，尤海鲁进行了长达一年的持续研究。他发现该恐龙和已知的鸟脚类恐龙有着很多不同点，比如它们的上颌齿表面有一个突出的脊，下颌齿相对比较平滑，这不同于和它们关系密切的上白垩统鸭嘴龙类恐龙——鸭嘴龙类恐龙的上颌齿和下颌齿表面都有比较突出的脊，这或许是早白垩世这类恐龙身上比较原始的特征。初步研究之后，尤海鲁认为该恐龙为一新种，便以恐龙化石的发现地兰州为名，将其命名为兰州龙。

# 锦州龙

**拉丁名:** *Jinzhousaurus*　　**拉丁名含义:** 锦州的蜥蜴

**食性:** 植食性　　**体长:** 约7米

**发现地:** 辽宁锦州义县　　**年代地层:** 下白垩统义县组

**命名者:** 汪筱林、徐星　　**命名时间:** 2001年

## ◆ 特征

　　锦州龙是一种中大型植食性恐龙，属于鸟脚类中的禽龙类下面的鸭嘴龙超科。锦州龙的化石产自辽宁锦州义县头台乡白菜沟，化石保存十分完整，头骨保存得也非常好。它们的脑袋约50厘米长，眼眶前面的部分要占头骨长的64%，看上去十分像一个马脸。锦州龙嘴巴前端已经特化成角质喙，有着大型的鼻孔。锦州龙下颌的牙齿至少有16颗，集中在面颊区域，牙齿的形态与内蒙古产的原巴克龙有些相似，牙冠就像蒜瓣一样，上面还有发育的纵嵴，牙齿向后增大而弯曲，这样的结构可能适合啃食低矮的植物。

　　锦州龙以四足行走为主，但也可以两足站立，后肢有着蹄状爪子，前肢的拇指和其他鸭嘴龙超科的恐龙一样有骨质的钉状爪，好像一把锥子一样，可以用来防御或与同类争斗。

复原图

Chinese
Dinosaurs
中国恐龙

锦州龙

### ◆ 发现故事

　　锦州龙的化石保存十分完整，古生物学家推测这是因为它们突然遭遇到了灾难，然后迅速被掩埋。比如突然爆发的火山，大量的有毒物质将锦州龙和周遭的生物杀死，并由流水冲积埋藏起来，在腐食性动物破坏掉遗骸之前，更多的沉积物覆盖在尸体上，便形成了人们今天看到的完整化石。值得一提的是，锦州龙的模式种是杨氏锦州龙（*J. yangi*），种名"杨氏"是向古生物学家杨钟健先生致敬。

# 马鬃龙

**拉丁名:** *Equijubus*　　**拉丁名含义:** 马鬃（山）的蜥蜴

**食性:** 植食性　　**体长:** 约 7 米

**发现地:** 甘肃嘉峪关　　**年代地层:** 下白垩统新民堡群

**命名者:** 尤海鲁 等　　**命名时间:** 2003 年

## ◆ 特征

　　马鬃龙是一种中等大小的植食性恐龙，属于鸟脚类的鸭嘴龙类。目前发现的化石有一个完整的头骨，以及关联的下颌和 31 个脊椎，包括 9 枚颈椎、16 枚背椎和 6 枚荐椎，以及髋骨化石。马鬃龙的脑袋较长，像马的脸一样，嘴巴前部是角质喙，可以切割下植物，面颊内是大量的牙齿，可以咀嚼坚硬的植物，它们平时以四肢行走，也可以用后肢直立站起来，这样可以方便它们吃到中等高度的嫩叶。

　　最初部分古生物学家认为马鬃龙是世界上最原始的鸭嘴龙类恐龙之一，同时具备禽龙的部分特征，并据此认为鸭嘴龙类起源于亚洲。但也有古生物学家认为马鬃龙属于更加原始的禽龙类。

复原图

Chinese
Dinosaurs
中国恐龙

马鬃龙

## ◆ 发现故事

2000 年，马鬃龙的化石由古生物学家李大庆团队在甘肃省北部的马鬃山一带发现，而化石发现地马鬃山则得名于该山脉远远望去就好像迎风飘扬的马鬃。

值得一提的是，古生物学家推测马鬃龙是世界上已知食草的"第一龙"，"食草"和"第一"这两个关键词可就大有讲究了：一般来说，恐龙有肉食性和植食性之分，之所以称为植食性而不叫草食性，是因为"草"其实是被子植物下属的禾本科植物的俗称，而禾本科植物在地球生命演化史中出现得较晚，侏罗纪时期地球上甚至还没演化出"草"！所以侏罗纪的恐龙吃草，这就是一个错误的说法了。而"草"在白垩纪早期出现后，马鬃龙能被称为第一个吃草的恐龙，这一说法可是有化石证据的。

2018 年，古生物学家吴妍等人在马鬃龙的牙齿之间发现了植硅体残留。植硅体可以简单地理解成植物体内的"结石"——植物在生长过程中，吸收到身体里的硅会沉淀在细胞内或者细胞之间，形成植硅体。而且不同植物中的植硅体各不相同，所以可以利用它们来辨别植物。而在马鬃龙牙缝里发现的，恰好就是一种属于禾本科的植硅体残留。古生物学家们对马鬃龙牙缝里发现的物质进行了分析和对比，确认含有短细胞对的表皮细胞和哑铃型结构的植硅体属于禾本科。吴妍推断，马鬃龙吃的很可能是一类已经灭绝的，与现今生长在巴西亚马孙热带雨林中的禾本科类柊叶竺类似的植物。这一只贪吃到塞牙的马鬃龙，就这样提供了世界上首次发现恐龙最早食草的科学证据。

同时，马鬃龙的化石也反过来对古植物的研究提供了重要证据。在此之前，禾本科植物的起源一直存在争议。最早的禾本科化石记录发现于印度，那是距今7200 万 ~ 6600 万年的上白垩统，而本次马鬃龙齿间发现的植硅体残留则证明了禾本科在 1 亿多年前的早白垩世就出现了。

# 原巴克龙

**拉丁名:** *Probactrosaurus*

**拉丁名含义:** 原始的棒槌的蜥蜴

**食性:** 植食性

**体长:** 4 ~ 6 米

**发现地:** 内蒙古阿拉善

**年代地层:** 下白垩统大水沟组

**命名者:** 阿纳托利·罗特杰斯特文斯基

**命名时间:** 1967 年

## ◆ 特征

    原巴克龙是一种中等大小的植食性恐龙，头上没有脊冠，是鸭嘴龙类恐龙中的"光头"。目前发现有两个种，分别是戈壁原巴克龙和阿拉善原巴克龙。但有古生物学家认为这两个种的差异只是发育阶段的不同而已，因此表示原巴克龙只有一个种。原巴克龙头骨的长度是高度的两倍，它们的吻部较窄，上颌齿和下颌齿都很窄，上颌齿具明显的中嵴，下颌齿呈菱形。这些高且交错的牙齿组成向后倾斜的齿组，下颌齿槽每个功能齿下有两个替换齿冠，该结构可以减轻它们不断研磨食物造成的牙齿磨损。原巴克龙有修长的前肢和手掌，拇指上有一个小的锥状棘。

    原巴克龙主要以四肢行走的方式为主，但在试图采食高处的树叶和果实时，它们可以用两条后肢支撑身体，以便让自己可以够到。原巴克龙的食物可能主要是一些蕨类植物、树叶和果实等。

复原图

Chinese
Dinosaurs
中国恐龙

原巴克龙

## ◆ 发现故事

　　其实，还有一类恐龙叫作巴克龙，而原巴克龙之所以叫这个名字，在巴克龙之前加了个"原"字，是因为最初古生物学家罗特杰斯特文斯基推测这种恐龙是巴克龙的直系祖先，与巴克龙有着非常近的血缘关系。但是这个理论并不被学术界接受，原巴克龙现在被认为是一种原始的鸭嘴龙类恐龙。所以尽管名字上联系紧密，但血缘上却相差较远。

　　值得一提的是，原巴克龙的化石有一段跨越国界的故事。1959 年，中国科学院与苏联科学院联合组成的中苏古生物考察队在内蒙古阿拉善左旗吉兰泰毛尔图地区采掘到了一批化石标本。苏联科学院古生物所于 1962 年借走了一批标本去研究，其中就包括一件戈壁原巴克龙下颌骨。当时中苏双方协议规定，这批化石标本研究完毕后应归还中国科学院。然而后来两国关系一度紧张，苏方未能如期履行协议，最终导致该标本流失海外。

　　有趣的是，2010 年，古生物学家董枝明访问日本时，了解到戈壁原巴克龙化石标本的右下颌骨被日本恐龙漫画家冈田信幸先生（Nobuyuki Okada）在某国际化石市场购得。后在福井恐龙博物馆东洋一特别馆馆长与柴田正辉研究员的引荐下，冈田信幸先生于 2011 年 4 月 14 日将这一标本无偿归还给了古脊椎所。历经多国辗转，原巴克龙的这块右下颌骨最终还是回到了祖国的怀抱。

# 巴克龙

**拉丁名：** *Bactrosaurus*　　　**拉丁名含义：** 棒槌的蜥蜴

**食性：** 植食性　　　　　　　**体长：** 约6米

**发现地：** 内蒙古二连浩特　　**年代地层：** 上白垩统二连组

**命名者：** 查尔斯·吉尔摩　　**命名时间：** 1933年

## ◆ 特征

　　巴克龙是一种中等大小的植食性恐龙，属于鸭嘴龙类。目前发现的化石较多，包括从幼年到成年的个体化石，但都是零碎的四肢和部分头骨，没有较完整的骨骼。巴克龙化石虽然不够完整，但却是古生物学家研究最详细的早期鸭嘴龙类之一。其后部背神经棘高而粗壮，十分像一个大棒子，因此而得名。巴克是音译，意为棒槌。古生物学家推测巴克龙是赖氏龙（*Lambeosaurus*）的早期亲戚，具有许多禽龙类的特征，包含：每列3颗牙齿的齿系、上颌骨的小型齿，以及与其他鸭嘴龙类恐龙格格不入的强壮体形。因为巴克龙同时具有鸭嘴龙亚科和赖氏龙亚科的特征，古生物学家推测巴克龙可能代表了鸭嘴龙类演化的一个过渡状态。

　　古生物学家普遍认为巴克龙没有脊冠，但一些标本似乎保存了脊冠基底的迹象。针对这种奇怪的现象，或许还需要人们去发现更多的化石，真相才会浮出水面。

　　巴克龙的发现很具有"国际范儿"，先是在 1922—1923 年，美国自然史博物馆的中亚考察团在内蒙古二连浩特发现了一批鸭嘴龙类化石，这其中就包括后来被命名为巴克龙的标本。之后，1995 年，中国-比利时恐龙联合考察队又在原化石点附近采集到几百件至少属于 4 个大小不同个体的不关联骨骼，包括部分头骨和头后骨骼，后来也都归入了巴克龙。到了 2003 年，美国卡内基自然历史博物馆的古生物学家布鲁斯·罗斯柴尔德（Bruce M. Rothschild）等人对一批恐龙骨骼化石做了荧光镜扫描，并在其中的埃德蒙顿龙、计氏龙、巴克龙、短冠龙等鸭嘴龙类的尾部中发现了血管瘤等肿瘤。

　　目前人们尚不清楚究竟是什么使得鸭嘴龙类的癌症患病率如此之高，罗斯柴尔德猜测是由于基因缺陷或是环境因素，甚至是食物因素导致的。

## 南宁龙

**拉丁名:** *Nanningosaurus*　　**拉丁名含义:** 南宁的蜥蜴

**食性:** 植食性　　**体长:** 约7.5米

**发现地:** 广西南宁　　**年代地层:** 上白垩统地层不明

**命名者:** 莫进尤 等　　**命名时间:** 2007年

## ◆ 特征

南宁龙发现于广西南宁纳龙盆地大石村，是一种大型植食性鸟脚类恐龙，属于鸭嘴龙类。如果人们将小鸭嘴龙（*Microhadrosaurus*）视为疑名，那么南宁龙则是中国南方首个确凿的鸭嘴龙类恐龙。

南宁龙的化石并不完整，包括部分头骨、颈椎、肩胛骨、肱骨、坐骨、股骨和胫骨。南宁龙上颌的齿槽非常少，长达26厘米的上颌中约有27个齿槽。它们的肱骨非常纤细，这可能代表着它们的前肢力气较小。古生物学家通过分析南宁龙的骨骼特征，认为其综合了进步和原始的特征，而区别于其他鸭嘴龙类恐龙。南宁龙和发现于山东的青岛龙亲缘关系最为密切。

Chinese
Dinosaurs
中国恐龙

南宁龙

# 萨哈里彦龙

**拉丁名:** *Sahaliyania*　　**拉丁名含义:** 来自萨哈里彦

**食性:** 植食性　　**体长:** 约 7.5 米

**发现地:** 黑龙江嘉荫　　**年代地层:** 上白垩统渔亮子组

**命名者:** 帕斯卡·迦得弗利兹　　**命名时间:** 2008 年

◆ **特征**

　　萨哈里彦龙是一种大型植食性鸟脚类恐龙，属于鸭嘴龙类中的兰氏龙类。它们的体态修长，有着较长的颌部。其最独特的特征是齿骨前部明显下偏，并与后部的长轴形成约 30° 角，这种特殊的构造可能会让它们的进食行为与其他鸭嘴龙类恐龙有些许不同。从形态上看，萨哈里彦龙的脑袋上很可能有明显的脊冠，它们的前后肢都比较发达，并有一条强壮且长的尾巴。值得一提的是，"萨哈里彦"虽然听起来比较拗口，但其实是满语中"黑"的意思，意指黑龙江，所以也有人将其译为黑龙江龙。

　　萨哈里彦龙骨床的化石数量较多且集中，古生物学家们推断它们以群居方式生活。同一个骨床还发现了同属鸭嘴龙类的乌拉嘎龙，这说明这两类恐龙群体可能会混杂在一起生活。

第五章

# 角龙类

## 隐龙

**拉丁名:** *Yinlong*　　**拉丁名含义:** 隐藏的龙

**食性:** 植食性　　**体长:** 约 1.2 米

**发现地:** 新疆昌吉　　**年代地层:** 中—上侏罗统石树沟组

**命名者:** 徐星 等　　**命名时间:** 2006 年

◆ 特征

　　隐龙是一种小型植食性恐龙,属于小型基干角龙类。它们的化石发现自新疆准噶尔盆地五彩湾。目前发现的化石只有一具,不过保存非常好,几乎是一具完整个体:有完整的头骨和身体骨骼,仅缺少最末端的尾椎。

　　隐龙的前肢又短又细,大约是后肢长度的 40%,所以它们是两足直立行走的,而不是像晚期大型角龙类那样四足行走。古生物学家在隐龙的腹腔中发现了一些胃石,这些小石头可以帮助它们磨碎吞食进去的植物。值得一提的是,许多小型角龙类,如鹦鹉嘴龙,还有些鸟脚类恐龙、蜥脚类恐龙、兽脚类恐龙,以及现代的鸟类,甚至鳄鱼也有胃石。

　　隐龙乍一看有点"四不像",因为它们有点像角龙类,又有点像肿头龙类,也有点像畸齿龙(*Heterodontosaurus*,一种原始的鸟臀类恐龙)。这种情况的出现其

实有着科学依据：隐龙的上颌末端的喙骨（rostral bone），是古生物学家将其归入角龙类的重要证据，但它们身上肿头龙类的特征，也表明畸齿龙类与头饰龙类（包括肿头龙类和角龙类）的密切关系。

## ◆ 发现故事

有趣的是，隐龙的发现地点离电影《卧虎藏龙》的拍摄地点很近，这也是其名字的由来。种名当氏隐龙（*Y. downsi*）则是向已故古生物学家威尔·唐斯（Will Downs）致敬，他为新疆的系列野外发掘工作做出了卓越贡献，却不幸在隐龙发表之前离世。

# 宣化角龙

**拉丁名:** *Xuanhuaceratops*　　**拉丁名含义:** 宣化的有角的脸

**食性:** 植食性　　**体长:** 约 1 米

**发现地:** 河北宣化　　**年代地层:** 上侏罗统—下白垩统土城子组

**命名者:** 赵喜进 等　　**命名时间:** 2006 年

### ◆ 特征

　　宣化角龙是一种小型植食性恐龙，属于角龙类或最早出现的头饰龙类。目前发现的化石非常不完整，只有部分头骨和一些头后骨骼化石。宣化角龙与朝阳龙的头骨非常相似，最主要的区别是宣化角龙每侧前上颌骨仅有 1 颗牙齿，而不像朝阳龙有 2 颗。此外，宣化角龙下颌的齿骨和脑袋靠后的轭骨上的纹饰和结节也比朝阳龙的更发达一些。

　　宣化角龙可能以后足行走为主，有着锐利的喙状嘴，可以高效率地切断树叶。它们头后有一个非常小的颈盾，古生物学家们推测，该颈盾起防御作用，但效果不是很明显。

　　宣化角龙的发现十分有历史意义。它是 20 世纪 60 年代初，由解放军工兵在河北宣化颜家沟发现的，当时由聂荣臻元帅亲自批示，将标本送到古脊椎所。不过该化石最初被鉴定为鹦鹉嘴龙类。后来在 2006 年，古生物学家重新鉴定并将其命名为聂氏宣化角龙（*X. niei*），种名"聂氏"是为了感谢聂帅对于中国古生物事业的关怀并向他致敬。

复原图

Chinese
Dinosaurs
中国恐龙

宣化角龙

# 古角龙

**拉丁名:** *Archaeoceratops*　　**拉丁名含义:** 古老的有角的脸

**食性:** 植食性　　**体长:** 约 90 厘米

**发现地:** 甘肃马鬃山　　**年代地层:** 上白垩统新民堡群

**命名者:** 董枝明 等　　**命名时间:** 1997 年

## ◆ 特征

　　古角龙属于小型基干新角龙类，1992 年由中日丝绸之路恐龙考察队发现于甘肃马鬃山地区，正型标本是一件不太完整的骨骼，包含头骨、尾椎、腰带骨，以及部分后肢等。

　　古角龙有一个大大的，近似于三角形的脑袋，其前上颌骨上有牙齿，并且有原角龙式的上颌齿，脑袋侧面的轭骨表面皱褶不平。此外它们也有小型颈盾，但是不像其他角龙类恐龙一样长有角，它们是没有角的角龙类恐龙。古角龙的食物可能包括蕨类、苏铁以及松树的叶子，它们可以用锋利的喙状嘴咬断叶子后进食。

　　一般来说，早期的角龙类体形较小，以两足行走为主，或者也可以灵活切换为四足行走；晚期的角龙类体形庞大，就只能四足行走了。古角龙的前肢相对而言较长，差不多可以达到后肢的 80%，所以它们可能兼顾着两种行走方式，既能两足行走也可以四足行走。

258

## 中国角龙

**拉丁名:** *Sinoceratops*　　**拉丁名含义:** 中国的有角的脸

**食性:** 植食性　　**体长:** 6～7米

**发现地:** 山东诸城　　**年代地层:** 上白垩统王氏群

**命名者:** 徐星 等　　**命名时间:** 2010年

◆ **特征**

　　中国角龙是中国首次发现的进步的角龙类恐龙,更是这类恐龙至今唯一发现于亚洲的物种。它们的发现填补了中国没有发现大型角龙类恐龙的空白,对中国的恐龙研究有非常大的意义。

　　中国角龙是一种大型角龙类恐龙,差不多和一头非洲象一样长,和一个成年人一样高。它们体格敦实,体重约2吨。中国角龙的脑袋前面有一个鼻角,看起来很像今天的犀牛,同时,中国角龙的头身比例很大,四肢粗壮短小,尾巴较短。

　　中国角龙属于角龙类中的尖角龙类。和其他尖角龙类恐龙相比,中国角龙化石的鼻角相对较短且呈钩状,不过这也有可能是因为化石保存不完整导致的。中国角龙的头骨是迄今发现的最大的尖角龙类头骨之一,全长可达1.8米。在它们的颈盾上方有至少10个短小而向前弯曲的角,最长的有十几厘米,在鳞骨上方也至少有

四个低矮的角状突，这些特征都不同于以往发现其他角龙类恐龙。古生物学家们推测中国角龙的颈盾可能有着靓丽的色彩，这可以帮助它们吸引异性。

中国角龙生活在滨湖丛林地区，与诸城角龙生活在相同的环境中，但是它们应该会与诸城角龙取食不同的食物，这样也可以避免彼此之间的食物竞争。

中国角龙的发现过程中有很多有趣的故事。从 2009 年 3 月开始，诸城恐龙研究中心的工作人员在山东诸城地区王氏群地层进行第三次大规模发掘。他们在 15 处化石点试掘并发掘出至少 7600 块恐龙化石。其中，一位工作人员在诸城龙都街道臧家庄化石发掘点发现了一块呈 "W" 状的白色化石——此前人们从未见过这种形态的化石，因此工作人员感觉到这有可能是一个重大的发现。之后古生物学家徐星来到诸城恐龙研究中心收藏室，对这些化石进行了研究得出结论：那块 "W" 状的化石正是大型角龙颈盾的一部分，而保存的 2 件头骨化石则是属于一种巨大的角龙！鉴于原始的角龙类多发现于亚洲，且在角龙类演化史中发生过多次由亚洲向北美洲发展的事件，古生物学家徐星等人推论大型角龙也同样发源于亚洲，后来迁徙至北美洲并发展成新的物种，如同其他同时分布于亚洲与北美的白垩纪恐龙类群。中国角龙的发现便正好为这种推论提供了很好的证据。

不过不同的是，作为白垩纪晚期北半球具代表性的植食性动物，角龙科的地理分散程度要远远低于同时期大部分其他恐龙类群，在欧亚大陆也少有族群分布。换句话说，在中国角龙被发现以前，所有的角龙科化石都仅见于北美洲西部。因此徐星认为，亚洲的古生物学发展和北美相比较晚，样本采集不足，或是当时亚洲的自然环境并不适合角龙科恐龙发展，这才导致角龙科在亚洲如此罕见。所以有时候并不能因为化石罕见就说这里生活的恐龙数量少，有一种可能则是恐龙数量很多，但没有很好地保存下来。

# 第六章

# 肿头龙类

# 皖南龙

**拉丁名:** *Wannanosaurus*　　**拉丁名含义:** 安徽南部的蜥蜴

**食性:** 植食性　　**体长:** 近1米

**发现地:** 安徽黄山　　**年代地层:** 上白垩统小岩组

**命名者:** 侯连海　　**命名时间:** 1977年

## ◆ 特征

　　皖南龙是一种小型植食性恐龙，属于肿头龙类。其正型标本是一个不完整的个体，化石包括部分头骨，部分下颌和一些头后骨骼，如颈椎、肱骨、左髂骨、股骨和胫骨。其股骨长度约8厘米，因此古生物学家推测皖南龙的体长不到1米。

　　与其他肿头龙类一样，皖南龙也有一个厚脑袋，它们的头骨已经愈合，该特征显示其是成年个体。其加厚的头顶较平，上面有一些不规则排列的、小而低的瘤状结节。皖南龙的下颌保存较好，上面约有11颗牙齿，最前端的一颗牙呈犬齿状，其余牙齿像一把把小扇子，边缘有大型的齿，这些都是它们吞食植物的好帮手。

　　古生物学家们对于肿头龙类的分类有一些不同的意见，其中有一种是将肿头龙类分为圆丘状头顶的一支和平坦头顶的一支，后者比较原始。由于平头与上颞孔的存在，皖南龙被认为是原始的、平头型的肿头龙类。

　　肿头龙类最有名的就是其厚厚的肿头，在进步的类群中更是能在 20 厘米以上。以往古生物学家认为这类恐龙是用撞头讨生活，整天撞得哐当哐当也不会觉得脑壳痛的一类很奇特的恐龙。但一些新的研究则显示它们的头和颈部结构并不适合强力对撞，因此肿头可能是用来撞击对手或掠食者的侧腹部，也可能仅用来展示。目前在中国发现的肿头龙类化石并不多，而且体形都不大。1967 年，人们在安徽省黄山市岩寺挖掘到一批小恐龙的化石。十年后的 1977 年，古生物学家侯连海描述并命名了岩寺皖南龙（*W. yansiensis*），填补了中国肿头龙类恐龙的空白。

复原图

Chinese
Dinosaurs
中国恐龙

皖南龙

第七章

# 剑龙类

# 华阳龙

**拉丁名:** *Huayangosaurus*　　**拉丁名含义:** 华阳的蜥蜴

**食性:** 植食性或杂食性　　**体长:** 约 5 米

**发现地:** 四川自贡　　**年代地层:** 中侏罗统下沙溪庙组

**命名者:** 董枝明 等　　**命名时间:** 1980 年

## ◆ 特征

　　华阳龙是一种中等大小的原始剑龙,体长约 5 米,臀高 1 米(如果算上骨板的高度,身高可达 1.3 米),体重 1～2 吨,体形和一辆家庭轿车差不多大。华阳龙的身体相对更原始,在外形及体型上与晚期的剑龙有明显差别。它们的背部和典型的剑龙类亲戚一样,从脖子到尾巴中部排列着两排骨板。奇怪的是,这些骨板并没有呈现出明显的三角形或者菱形——颈部的骨板小,似桃形,背部的骨棘大而高,呈矛状,像大钉子一般立在华阳龙的背上。这些骨板要比晚期剑龙的小得多,也不规则得多。有趣的是,华阳龙背上的骨板可能并不像剑龙那样交错排列,而是沿着背部中线成对分布,骨板的这种排列方式存在于大部分早期剑龙类恐龙身上。这些骨板的作用有多种假说,比如防御、调节体温、种间识别和吸引异性。

　　华阳龙的头骨大且宽,看上去十分厚重,嘴部前方的前上颌骨长有牙齿,这些牙齿像小叶片一样很细很小。此外它们还发育有不完整的角质喙,喙配合牙齿可以咬断植物的枝叶，而所有晚期的剑龙类恐龙的前上颌骨都缺少牙齿，取而代之的是发育的角质喙。

与生活在同时代、同地区的蜀龙、酋龙和峨眉龙相比，华阳龙十分矮小。因此，当那些大家伙仰起脖子大嚼高处的叶子时，华阳龙只能啃食地面附近的低矮植物。当然，在中侏罗世，通常一些河流的沿岸长满了绿色的如地毯般茂密的矮小蕨类植物，这样的地方一般没有高大的树木。对于华阳龙来说，那些矮小蕨类植物非常适于它们能研磨的小牙齿，吃起来应该非常适口。

不过，当华阳龙享用佳肴时，它们较为矮小的身体往往就成为气龙等掠食者垂涎三尺的美味。在四川自贡大山铺众多的"土著居民"中有一个"恶霸"——气龙。它们处于当时食物链的顶端，是那个时代最可怕的杀手之一。好在华阳龙身上自有对付天敌的武器，让那些心怀叵测的觊觎者不敢轻易发动进攻。作为群体生活的恐龙，华阳龙群中的幼龙寸步不离地紧跟在父母身边，也得以逃脱被吞食的厄运。

## ◆ 发现故事

1980 年，一块不寻常的恐龙头骨化石在古生物学家的毛刷轻扫中完整出土。其头部就像一个大大的楔子，古生物学家董枝明以幼时在四川成长的诗仙李白的字"太白"和巴蜀地区的古称"华阳"，将其命名为太白华阳龙（*H. taibaii*）。随后，人们又在大山铺地区陆续发现一些剑龙类化石，都将其归入太白华阳龙中。截止到现在，人们在大山铺已经挖掘出 12 具华阳龙的个体，其中完整的 2 具骨架经过复原装架，分别陈列在自贡恐龙博物馆以及重庆自然博物馆中。值得一提的是，华阳龙还是"中国龙王"董枝明老师最喜爱的恐龙，能在董老命名的约 40 种恐龙中脱颖而出，华阳龙确实也够炫。

复原图

Chinese
Dinosaurs
中国恐龙

华阳龙

在世界恐龙发现史上，产自早、中侏罗世的恐龙化石相对要少得多，而位于四川盆地南部自贡市的化石产地——大山铺所产的众多恐龙化石恰好就是来自该年代。这里是迄今世界上发现门类最多、保存最好的中侏罗世恐龙化石产地，很大程度上填补了恐龙演化的缺环。而其中最令人吃惊的物种之一，就是古生物学家们从这座"恐龙公墓"里发现的世界上最早、最完整的剑龙——华阳龙。

华阳龙生存于 1.65 亿万年前的侏罗纪中期，早于它们居住于北美洲的著名近亲——剑龙属约 2000 万年。也就是说，古生物学家对早期剑龙类的认识，就是从华阳龙开始的。

那么，成年华阳龙身上到底有什么"防御性"武器呢？原来，它们从脖子到尾巴那长长的两排约 16 对骨板可以确保背部的安全，而且，它们还有一个独门武器——左右肩上各有一个巨大的肩棘。肩棘看上去就像一个大大的逗号，虽然不能动，但其防御范围很广，可以抵挡针对肩部的袭击。以上的结构都属于防御设备。在华阳龙尾巴上还长有 4 根 40 厘米长的骨刺，这是它们最有力的攻击武器。当遇到危险时，华阳龙会甩动尾巴，将这些尖尖的骨刺狠狠地砸向敌人，杀伤力极强。

如果饥肠辘辘的气龙妄图攻击华阳龙，华阳龙会将身体调整到适当的位置，把长长的骨板对准进攻者。骨板的颜色很快因充血而变成鲜艳的红色，这不仅仅是华阳龙最严重的身体警告，也是在危机时才摆出的架势。同时，它们还晃着双肩，让肩棘更加醒目，并用力甩动尾巴，让 4 根醒目的尾刺在气龙眼前来回晃动。与此同时，它们会找准时机用尾巴猛烈地抽打天敌，或是四肢用力踢踏地面，用尾巴扫击地面，把水洼里的水和植物碎屑扫到半空中。这些防御性措施虽然没有强大到能杀死大型来犯者的程度，却能产生足够的威慑效果，令那些贸然进攻的天敌迷惑不解：平时懦弱可欺的家伙们怎么会突然变得这么威力无边？如果不是饥不择食，那些掠食者都会因为害怕受伤而停止进攻。

# 将军龙

**拉丁名:** *Jiangjunosaurus*　　**拉丁名含义:** 将军（庙）的蜥蜴

**食性:** 植食性　　　　　　　　**体长:** 约6米

**发现地:** 新疆奇台　　　　　　**年代地层:** 中—上侏罗统石树沟组

**命名者:** 贾程凯 等　　　　　　**命名时间:** 2007年

◆ 特征

　　将军龙是一种中等大小的植食性恐龙，属于剑龙类。人们发现的将军龙化石包括部分头骨、下颌、11枚颈椎、部分肋骨和2块膜质骨板。和其他的剑龙类一样，将军龙背上有一排骨板。目前保存下来的2块分别呈圆形和菱形。将军龙是素食主义者，它们上颌有14颗牙齿，下颌齿骨上有21颗牙齿，这些牙齿的形态相似，但上颌的牙齿要略小一些。所有牙齿的齿冠都是对称的三角形，前缘和后缘有7个锯齿，研磨面较平，该特征是它们研碎植物的好帮手。

　　将军龙后部颈椎椎体的侧面有一些大型的开口或凹入构造，这与不少蜥臀类恐龙都有的气腔结构十分相似，这个结构可以用来减轻重量并协助呼吸。但经过CT扫描后发现，将军龙这些凹入构造与骨骼内部并不连通，因此不是气腔，只是一些静脉通道而已。

有这么一个非常有趣的恐龙门类，其在我国主要发现于西南地区，且在内蒙古和新疆也有少量发现，这便是将军龙所属的剑龙类。在 2002 年，古生物学家徐星研究员的团队在新疆昌吉奇台县将军庙地区石树沟组的湖泊相沉积物即一套红色砂岩中，发现了一具保存相对完整的剑龙类恐龙骨骼化石标本，这也是首次在新疆准噶尔盆地侏罗系地层中发现的剑龙类恐龙化石材料。徐星研究员的学生贾程凯等人经过一系列研究，正式将其命名为准噶尔将军龙（*Jiangjunosaurus junggarensis*），其中，种名中的"准噶尔"特指准噶尔盆地，属名则是为了纪念化石的准确发现地将军庙。

将军龙与一些中大型及小型的掠食者，如中华盗龙（*Sinraptor*）和左龙（*Zuolong*）一起生活在晚侏罗世的准噶尔盆地，稍不小心，它们就可能会成为凶猛的大型肉食性恐龙的美餐。

第八章

# 甲龙类

# 戈壁龙

**拉丁名：** *Gobisaurus*　　　　**拉丁名含义：** 戈壁的蜥蜴

**食性：** 植食性　　　　　　　**体长：** 约 6 米

**发现地：** 内蒙古阿拉善　　　**年代地层：** 上白垩统乌兰苏海组

**命名者：** 马修·威克尤斯 等　**命名时间：** 2001 年

## ◆ 特征

　　戈壁龙是一种大型的植食性恐龙，属于甲龙类。目前发现的化石只有一个完整的头骨和少部分头后骨骼化石。戈壁龙头骨长 46 厘米、宽 45 厘米，覆盖着厚厚的装甲，它们有着较大的椭圆形眼眶，长度占头骨长的约 20%；此外，其外鼻孔也很大，长度约为头骨长的 23%；其吻突狭窄且呈三角状，方颧骨突起。这些特征与发现于蒙古国的沙漠龙（*Shamosaurus*）相似，但两者并不完全一致，比如戈壁龙头骨长大于宽，沙漠龙头骨的眶前区有明显的纹饰而戈壁龙是没有的。

　　古生物学家依据它们结实且沉重的脑袋推测戈壁龙很可能像其他甲龙类一样——浑身布满骨甲，是恐龙中的"坦克"。不过，当时它们仍然有可怕的天敌，那就是凶猛的大型掠食者吉兰泰龙。

复原图

Chinese
Dinosaurs
中国恐龙

戈壁龙

戈壁龙从最初被发现到正式被命名历经了几十年时间：1959—1960 年，中苏古生物考察队在内蒙古阿拉善戈壁沙漠地区发现了一批甲龙类化石；此后，1990—1997 年，人们结合中国-加拿大恐龙计划项目的考察新发现，将这批化石选为巡回展览的一员，这个头骨当时被非正式标记为"Gobisaurus"；直到 2001 年，古生物学家才正式给戈壁龙命名。

# 检索

# 写在最后

　　这本书得以问世，需感谢徐星老师为我解答诸多写作中遇到的骨学等专业上的问题，徐老师的两位高足还仔细审改了本书。感谢彭光照、李大庆、尤海鲁等老师提供四川、甘肃等地的恐龙发现一手资料，已故的吕君昌老师也曾提供了河南等地的恐龙信息。最后感谢诸多爱好者提供的诸多信息，尤其感谢蔡沁先生（@ 我自己掰一个）提供许多有趣的故事点，@Fafnirx 先生提供近几年中国恐龙新发现的名录，他们多年来在微博持续更新恐龙新发现，内容非常精彩。限于水平，书中错误难免，请读者多多指教，以便在再版之时改正。而所有这些错误都是我自己的，与提供帮助的诸位老师与爱好者无关。